VERÖFFENTLICHUNGEN
DER
UNIVERSITÄTS-STERNWARTE ZU GÖTTINGEN

Nr. 64

Der Einfluß eines widerstehenden Mittels in der Dynamik dichter Sternsysteme

Von

WALTER FRICKE

Göttingen 1940

Sonderabdruck
aus der „Zeitschrift für Astrophysik" **19**, *304, 1940.*
Springer-Verlag Berlin Heidelberg GmbH

ISBN 978-3-662-40754-7 *ISBN 978-3-662-41238-1 (eBook)*
DOI 10.1007/978-3-662-41238-1

(Veröffentlichung der Universitäts-Sternwarte Göttingen Nr. 64.)

Der Einfluß eines widerstehenden Mittels in der Dynamik dichter Sternsysteme*).

Von **Walter Fricke,** Göttingen.

Mit 2 Abbildungen. (Eingegangen am 6. März 1940.)

Im ersten Teil werden die Wirkungen dichter interstellarer Materie auf Einzelsterne untersucht im Hinblick auf eine zu entwickelnde dynamisch-statistische Theorie von Sternsystemen, die diffuse Materie enthalten. Im zweiten Teil wird eine vorläufige Theorie mit Mitteln der BOLTZMANNschen Statistik entwickelt und für kugelsymmetrische Sternsysteme durchgeführt. Die Sterndichte wird als so groß vorausgesetzt, daß die Wechselwirkungen zwischen den Sternen, trotz der Energiezerstreuung im widerstehenden Mittel, hinreichen, um statistische Stationarität dauernd aufrechtzuerhalten.

A. Einleitung.

In den zur Zeit vorliegenden Untersuchungen über die Dynamik von Sternsystemen ist in Anlehnung an die statistische Mechanik immer vorausgesetzt worden, daß die Systeme konservativer Natur seien. Der konservative Charakter macht die in der statistischen Mechanik vorzugsweise behandelten Gleichgewichtszustände möglich, die wegen ihrer Einfachheit in der astronomischen Literatur vorzugsweise zur Beschreibung von Sternsystemen herangezogen wurden.

Die Gesetze der konservativen Mechanik können jedoch nicht auf solche Sternsysteme angewandt werden, in denen dichte interstellare Materie vorhanden ist, die nicht allein zum Gesamtpotential der Systeme beiträgt, sondern auch zu einer Massenaufsammlung der Sterne und zu Widerstandskräften Anlaß gibt. Außer der Wirkung widerstehender Materie sind noch andere „Effekte" denkbar, welche die Anwendbarkeit der konservativen Mechanik einschränken. In dieser Arbeit soll jedoch nur die Wirkung eines genügend dichten Substrats in der Dynamik eines Systems studiert werden.

Nehmen wir an, daß die Wirkung eines widerstehenden Mediums die Energiedissipation

$$\frac{dE}{dt} = -2F \qquad (1)$$

hervorruft, wobei F eine quadratische Funktion in den Geschwindigkeiten

*) D 11.

sein soll[1]), so lauten die Bewegungsgleichungen der Sterne[2])

$$\left.\begin{aligned}\dot q_\varkappa &= \frac{\partial E}{\partial p_\varkappa},\\ \dot p_\varkappa &= -\frac{\partial E}{\partial q_\varkappa} - \frac{\partial F}{\partial \dot q_\varkappa},\end{aligned}\right\} \varkappa = 1,\ldots,3n. \qquad (2)$$

Die Mannigfaltigkeit aller den Gleichungen (2) gehorchenden mechanischen Systeme denken wir uns als eine virtuelle Gesamtheit mit der Dichte τ im Phasenraum verteilt. Dann genügt τ der Kontinuitätsgleichung

$$\frac{\partial \tau}{\partial t} + \sum_{\varkappa=1}^{3n}\left\{\frac{\partial}{\partial p_\varkappa}(\tau \dot p_\varkappa) + \frac{\partial}{\partial q_\varkappa}(\tau \dot q_\varkappa)\right\} = 0, \qquad (3)$$

oder

$$\frac{\partial \tau}{\partial t} + \sum_{\varkappa=1}^{3n}\left\{\frac{\partial \tau}{\partial p_\varkappa}\dot p_\varkappa + \frac{\partial \tau}{\partial q_\varkappa}\dot q_\varkappa\right\} + \tau \sum_{\varkappa=1}^{3n}\left\{\frac{\partial \dot p_\varkappa}{\partial p_\varkappa} + \frac{\partial \dot q_\varkappa}{\partial q_\varkappa}\right\} = 0.$$

Für konservative Systeme ist die sogenannte Inkompressibilitätsbedingung

$$\sum_{\varkappa=1}^{3n}\left\{\frac{\partial \dot p_\varkappa}{\partial p_\varkappa} + \frac{\partial \dot q_\varkappa}{\partial q_\varkappa}\right\} = 0 \qquad (4)$$

erfüllt, und die Dichte τ gehorcht dem LIOUVILLEschen Theorem

$$\frac{D\tau}{Dt} = 0, \qquad (5)$$

d. h. im Falle konservativer Systeme bleibt die Dichte der Phasenpunkte im Verlauf der Bewegung ungeändert.

Dagegen erzeugt die durch die Gleichungen (2) im Phasenraum festgelegte Strömung eine kontinuierliche Punkttransformation, die nicht mehr jedes $6n$-dimensionale Gebiet in ein volumengleiches überführt. Es gilt vielmehr

$$\sum_{\varkappa=1}^{3n}\left\{\frac{\partial \dot p_\varkappa}{\partial p_\varkappa} + \frac{\partial \dot q_\varkappa}{\partial q_\varkappa}\right\} = -\sum_{\varkappa=1}^{3n}\frac{\partial^2 F}{\partial p_\varkappa \partial q_\varkappa},$$

und die virtuelle Phasendichte nimmt nach

$$\frac{D\tau}{Dt} = \tau \sum_{\varkappa=1}^{3n}\frac{\partial^2 F}{\partial p_\varkappa \partial q_\varkappa}. \qquad (6)$$

im Verlauf der Bewegung zu, denn F ist bei Energiezerstreuung eine ständig positive Funktion. In dem Spezialfall, daß die Koeffizienten der quadratischen Form für über alle Grenzen wachsendes t beliebig klein werden,

---

[1]) In §10 wird gezeigt, unter welchen Bedingungen diese Annahme streng gilt. — [2]) Vgl. J. H. JEANS, Dynamische Theorie der Gase, 1926, S. 88.

konvergiert die Dichte der Phasenpunkte gegen eine Konstante, d. h. die virtuelle Gesamtheit konvergiert gegen eine LIOUVILLEsche. In allen anderen Fällen konvergiert die Phasendichte gegen unendlich. Man kann demnach nicht, wie im Falle konservativer mechanischer Systeme, der Behandlung von Nichtgleichgewichtszuständen einfach ausweichen, sondern ist solange gezwungen sich mit ihnen zu beschäftigen, wie noch keine LIOUVILLEsche Gesamtheit erreicht ist.

Somit bleibt von allen statistischen Methoden zur Ermittlung der Geschwindigkeitsverteilung und der Dichte in einem nichtkonservativen mechanischen System allein die BOLTZMANNsche Gleichung, denn alle anderen Methoden setzen in irgendeiner Form die Gültigkeit des LIOUVILLE-schen Theorems voraus.

Doch ehe wir auf die Diskussion der Boltzmann-Formel eingehen, muß untersucht werden, welche dynamischen Wirkungen von der im Sternsystem enthaltenen Materie auf Einzelsterne ausgeübt werden. Zu diesem Zweck wird im Abschnitt B zuerst die Frage nach der Massenaufsammlung eines Sternes bei vorgegebener Materiedichte und Sterngeschwindigkeit beantwortet (Abschnitt 1) und in Abschnitt 2 die durch die Stöße auftreffender Teilchen bewirkte Widerstandskraft berechnet. In Abschnitt 3 wird untersucht, welche Verteilung der Materie im Potentialfeld eines Sternes eintritt und wie groß der dynamische Einfluß der in der Sternumgebung mitgeführten Materie ist. In Abschnitt 4 wird die gemeinsame Wirkung von Gravitation und Strahlungsdruck in der Sternumgebung abgeschätzt und in Abschnitt 5 festgestellt, wie groß die Dichte eines interstellaren Mediums sein muß, um die Ausstrahlung einzelner Sterne zu kompensieren. Abschnitt 6 wendet sich dann der Frage zu, welche Verteilung der Materie in einem Sternhaufen unter der gemeinsamen Wirkung von Gravitation und Strahlungsdruck zu erwarten ist, und in Abschnitt 7 wird eine Zusammenfassung der bis dahin erzielten Ergebnisse gegeben; ferner werden Folgerungen für die Statistik eines Sternsystems im widerstehenden Mittel gezogen. Wenn wir uns oft mit Abschätzungen begnügen müssen, so liegt das an der Natur des Problems.

Der zweite Teil der Arbeit ist der Diskussion und Lösung der Boltzmann-Formel in dem durch das Substrat bedingten nichtstationären Fall gewidmet. Abschnitt 8 enthält die Diskussion der allgemeinen BOLTZMANN-schen Gleichung, Abschnitt 9 die Ableitung dieser Gleichung für ein Sternsystem im widerstehenden Mittel und Abschnitt 10 Ansätze zu ihrer Lösung. In Abschnitt 11 werden die statistischen Ergebnisse kurz zusammengefaßt. Wir werden finden, daß unter bestimmten Bedingungen dichte diffuse Materie eine Folge von langsam auseinander hervorgehenden Gleichgewichtszuständen in dem System herbeizuführen vermag.

B. *Einzelstern und widerstehendes Mittel.*

1. *Die Massenaufsammlung eines Sternes.* Zunächst soll festgestellt werden, wie groß die Massenaufsammlung $d\mathfrak{M}/dt$ eines Sternes mit der Masse $\mathfrak{M}$ und dem Radius R in der Zeiteinheit ist, wenn sich der Stern mit der Geschwindigkeit $\mathfrak{v}_0$ durch diffuse Materie bewegt, deren Dichte σ sein soll. Die Geschwindigkeit eines Teilchens sei $\mathfrak{v}$ und seine Relativgeschwindigkeit zum Stern

$$\mathfrak{w} = \mathfrak{v} - \mathfrak{v}_0$$

mit dem Absolutbetrage $\omega = |\mathfrak{w}|$.

Alle Teilchen, die mit der Geschwindigkeit $\mathfrak{w}$ auf den Stern stoßen, kommen

1. aus einem Zylinder, dessen Basis der Querschnitt πR^2 des Sternes ist. Das sind alle Teilchen, die auch dann auftreffen würden, wenn der Stern keine Gravitationswirkung hätte,

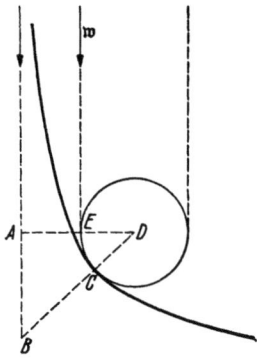

Abb. 1. $\overline{AB} = \overline{BC} = a$, $\overline{CD} = R = a(e-1)$, $\overline{AD} = R'$.

2. aus einer Zylinderschale, deren äußere Begrenzung von den Asymptoten derjenigen Partikelbahnen gebildet wird, die auf Grund der Gravitationswirkung gerade noch auf den Stern führen.

Der Radius der neuen Zylinderbasis R' ist der senkrechte Abstand der Grenzasymptoten vom Sternmittelpunkt. Wenn mit a die große Halbachse der relativen Grenzhyperbel bezeichnet wird, so ist (vgl. Abb. 1)

$$R'^2 = R^2 + 2aR.$$

Die Halbachse a der Grenzhyperbel wird durch die Geschwindigkeit $\mathfrak{w}$ bestimmt, die als asymptotische Geschwindigkeit in der Hyperbel aufzufassen ist und demnach den Betrag hat

$$\omega = \sqrt{\frac{\varkappa \mathfrak{M}}{a}}.$$

Dann ist der Massengewinn pro Zeiteinheit aus Partikeln der Geschwindigkeit $\mathfrak{w}$

$$\pi R'^2 \omega \delta\sigma = \pi R^2 \omega \delta\sigma + 2\pi\varkappa \frac{\mathfrak{M}R}{\omega} \delta\sigma,$$

wobei $\delta\sigma$ die Dichte dieser Teilchen bedeutet. Die gesamte Massenaufsammlung aus allen Partikeln erhalten wir durch Integration über alle möglichen Geschwindigkeiten $\mathfrak{v}$. Besteht in dem Materiesubstrat eine MAXWELLsche Geschwindigkeitsverteilung

$$f(v) = \frac{\sigma}{(2\pi)^{3/2}\alpha^3} e^{-\frac{v^2}{2\alpha^2}}, \qquad v = |\mathfrak{v}|$$

mit der wahrscheinlichsten Teilchengeschwindigkeit[1]) $\alpha\sqrt{2}$, so ist

$$\delta\sigma = f(v)\, v^2\, dv\, d\psi \sin\varphi\, d\varphi$$

und die Massenaufsammlung beträgt in der Zeiteinheit

$$\frac{d\mathfrak{M}}{dt} = \int_0^\infty \int_0^\pi \int_0^{2\pi} \left(\pi R^2 \omega + 2\pi\varkappa \frac{\mathfrak{M} R}{\omega}\right) f(v)\, v^2\, dv \sin\varphi\, d\varphi\, d\psi.$$

Es empfiehlt sich, die Polarkoordinaten so zu orientieren, daß φ von der Bewegungsrichtung des Sternes aus gezählt wird. Dann gilt für die Relativgeschwindigkeit ω eines Teilchens zum Stern

$$\omega^2 = v^2 + v_0^2 - 2 v v_0 \cos\varphi$$

und die Massenaufsammlung ist

$$\frac{d\mathfrak{M}}{dt} = I_1 + I_2 \qquad (1)$$

mit

$$I_1 = \frac{2\sqrt{\pi}\,\sigma R^2}{(\alpha\sqrt{2})^3} \int_0^\infty \int_0^\pi \sqrt{v^2 + v_0^2 - 2 v v_0 \cos\varphi}\, e^{-\frac{v^2}{2\alpha^2}} v^2\, dv \sin\varphi\, d\varphi,$$

$$I_2 = \frac{4\sqrt{\pi}\,\varkappa \mathfrak{M} R \sigma}{(\alpha\sqrt{2})^3} \int_0^\infty \int_0^\pi \frac{e^{-\frac{v^2}{2\alpha^2}} v^2\, dv \sin\varphi\, d\varphi}{\sqrt{v^2 + v_0^2 - 2 v v_0 \cos\varphi}}.$$

Die Integrationen werden zweckmäßig nach der Substitution $\cos\varphi = -x$, $dx = \sin\varphi\, d\varphi$ durchgeführt. Dann liefern die Integrationen nach x

$$\int_{-1}^{+1} \sqrt{v^2 + v_0^2 + 2 v v_0 x}\, dx = \begin{cases} 2 v_0 (3 v^2 + v_0^2) & \text{für } v > v_0, \\ 2 v (v^2 + 3 v_0^2) & \text{für } v < v_0; \end{cases}$$

$$\int_{-1}^{+1} \frac{dx}{\sqrt{v^2 + v_0^2 + 2 v v_0 x}} = \begin{cases} \dfrac{2}{v} & \text{für } v > v_0, \\ \dfrac{2}{v_0} & \text{für } v < v_0. \end{cases}$$

Die Integration über v wird in eine solche über $0 \leq v \leq v_0$ und in eine

---

[1]) Der Ausdruck „wahrscheinlichste" Geschwindigkeit bezieht sich auf das Verteilungsgesetz der Geschwindigkeitsbeträge.

zweite über $v_0 \leq v \leq \infty$ aufgespalten und liefert

$$I_1 = 2\sqrt{\pi}\,\sigma R^2 \left\{ e^{-\frac{v_0^2}{2\alpha^2}} \left(2\frac{v_0^2}{\alpha\sqrt{2}} + 3\alpha\sqrt{2} \right) + \frac{\sqrt{\pi}}{2} \Phi\left(\frac{v_0}{\alpha\sqrt{2}}\right) \left(v_0 + \frac{(\alpha\sqrt{2})^2}{2v_0} \right) \right\},$$

$$I_2 = 2\pi\varkappa\mathfrak{M}R\sigma\Phi\left(\frac{v_0}{\alpha\sqrt{2}}\right)\frac{1}{v_0},$$

wobei Φ das Fehlerintegral

$$\Phi = \frac{2}{\sqrt{\pi}} \int_0^{\frac{v_0}{\alpha\sqrt{2}}} e^{-u^2}\,du$$

bedeutet.

Das Integral I_1 stellt denjenigen Anteil an der Materieaufsammlung dar, der durch die auffegende Wirkung des Sternquerschnittes zustande kommt, während I_2 die durch die Gravitationswirkung eingefangene Materie bedeutet. Wie eine Abschätzung zeigt, ist im allgemeinen $I_1 \ll I_2$, es sei denn, daß es sich um Riesensterne mit einigen hundert Sonnenradien handelt. Beispielsweise ergibt das Verhältnis I_1/I_2 unter der Annahme $v_0/\alpha\sqrt{2} = 0{,}5$ und $v_0 = 2 \cdot 10^6$ cm/sec

1. für die Sonne mit

$$\mathfrak{M}_\odot = 2 \cdot 10^{33}\,\text{g},$$
$$R_\odot = 7 \cdot 10^{10}\,\text{cm},$$
$$I_1/I_2 = 1/100:$$

2. für den roten Riesen β And mit

$$\mathfrak{M} = 6\,\mathfrak{M}_\odot,$$
$$R = 45\,R_\odot,$$
$$I_1/I_2 = 1/14.$$

Deshalb kann in guter Näherung I_1 gegen den durch die Gravitationswirkung eingefangenen Materieanteil I_2 vernachlässigt werden, und wir erhalten dann als Massenaufsammlung eines Sternes in der Zeiteinheit

$$\frac{d\mathfrak{M}}{dt} = 2\pi\varkappa\mathfrak{M}R\sigma\Phi\left(\frac{v_0}{\alpha\sqrt{2}}\right)\frac{1}{v_0}. \tag{2}$$

In dem Falle, daß die Teilchen der diffusen Materie ruhen ($\alpha\sqrt{2} = 0$), ist[1])

$$\frac{d\mathfrak{M}}{dt} = 2\pi\varkappa\mathfrak{M}R\sigma\frac{1}{v_0} \tag{3}$$

---

[1]) Vgl. A. S. Eddington, Der innere Aufbau der Sterne, 1928, S. 494.

und im Falle $v_0 \ll \alpha\sqrt{2}$

$$\frac{d\mathfrak{M}}{dt} = 4\sqrt{\pi}\varkappa\mathfrak{M}R\sigma\frac{1}{\alpha\sqrt{2}}\left(1 - \frac{1}{3}\left(\frac{v_0}{\alpha\sqrt{2}}\right)^2\right), \qquad (4)$$

d. h. ist die Sterngeschwindigkeit klein gegen die wahrscheinlichste Geschwindigkeit in der Materie, so hängt die Massenaufsammlung nur von höherer Ordnung von der Sterngeschwindigkeit ab.

Schließlich gilt für $v_0 \gg \alpha\sqrt{2}$

$$\frac{d\mathfrak{M}}{dt} = 2\sqrt{\pi}\varkappa\mathfrak{M}R\sigma\frac{1}{v_0}\left\{\sqrt{\pi} - \frac{\alpha\sqrt{2}}{v_0}e^{-\left(\frac{v_0}{\alpha\sqrt{2}}\right)^2}\left(1 - \frac{1}{2}\left(\frac{\alpha\sqrt{2}}{v_0}\right)^2\right)\right\}. \quad (5)$$

Dies ist bis auf Glieder höherer Ordnung die Gleichung (3)[1].

2. Die durch die Stöße auftreffender Teilchen bewirkte Widerstandskraft.
Die Störung, die ein Stern durch die Stöße auftreffender Materieteilchen erfährt, kann nach SEELIGER[2] aus folgender Überlegung berechnet werden: Zwei Massen $\mathfrak{M}_0$ und $\mathfrak{M}_1$ mögen sich mit den Geschwindigkeiten $\mathfrak{v}_0$ (u_0, v_0, w_0) und $\mathfrak{v}_1$ (u_1, v_1, w_1) relativ zu einem fest gewählten, rechtwinkligen Koordinatensystem bewegen und einen unelastischen Zusammenstoß erleiden. Dann soll die Geschwindigkeit der nach dem Stoß vereinten Masse $\mathfrak{v}$ (u, v, w) sein; ihre Komponenten u, v, w sind nach dem Impulserhaltungssatz bestimmt

oder
$$(\mathfrak{M}_0 + \mathfrak{M}_1)u = \mathfrak{M}_0 u_0 + \mathfrak{M}_1 u_1$$
$$(\mathfrak{M}_0 + \mathfrak{M}_1)(u - u_0) = \mathfrak{M}_1(u_1 - u_0)$$

und analog für die beiden übrigen Koordinaten. Werden die Komponenten der Relativgeschwindigkeit von $\mathfrak{M}_1$ in bezug auf $\mathfrak{M}_0$ mit

$$\omega_x = u_1 - u_0, \quad \omega_y = v_1 - v_0, \quad \omega_z = w_1 - w_0,$$

bezeichnet, so gilt
$$(\mathfrak{M}_0 + \mathfrak{M}_1)(u - u_0) = \mathfrak{M}_1 \omega_x,$$
$$(\mathfrak{M}_0 + \mathfrak{M}_1)(v - v_0) = \mathfrak{M}_1 \omega_y,$$
$$(\mathfrak{M}_0 + \mathfrak{M}_1)(w - w_0) = \mathfrak{M}_1 \omega_z.$$

---

[1] Die Tatsache, daß wir es mit einem kompressiblen Medium und möglicherweise Überschallgeschwindigkeiten zu tun haben, vermag an den durchgeführten Überlegungen nichts zu ändern. Der grundsätzliche Unterschied zwischen den üblichen gasdynamischen Problemen und dem der Bewegung eines Sternes durch ein widerstehendes Mittel besteht darin, daß es sich im ersten Falle um Relativbewegungen zwischen festen Körpern und kompressiblen aber elastisch stoßenden Mitteln handelt, während im zweiten Falle die den Stern treffenden Teilchen unelastische Stöße ausführen, die keine Störung in der Dichte des umgebenden Substrats hervorrufen können. — [2] H. SEELIGER, Zusammenstöße und Teilungen planetarischer Massen. Abhandl. d. bayr. Akad. d. Wissensch., II. Kl., XVII, Bd. II, 1891.

Einfluß eines widerstehenden Mittels in der Dynamik dichter Sternsysteme. 311

Nun möge auf $\mathfrak{M}_0$ ein kontinuierlicher Materiestrom treffen, so daß an Stelle $\mathfrak{M}_1$ eine Folge von Elementarbeträgen $d\mathfrak{M}$ tritt. Dann ist die Geschwindigkeitsänderung, die $\mathfrak{M}_0$ in der x-Richtung durch $d\mathfrak{M}$ erleidet, bestimmt durch

$$(\mathfrak{M}_0 + d\mathfrak{M})\,du = \omega_x\,d\mathfrak{M}.$$

Danach verursacht die mit der Relativgeschwindigkeit $\mathfrak{w}(\omega_x, \omega_y, \omega_z)$ auf den Stern treffende Materie eine Beschleunigung

$$\left.\begin{aligned}\frac{du}{dt} &= \omega_x \frac{1}{\mathfrak{M}}\left(\frac{d\mathfrak{M}}{dt}\right)_\omega, \\ \frac{dv}{dt} &= \omega_y \frac{1}{\mathfrak{M}}\left(\frac{d\mathfrak{M}}{dt}\right)_\omega, \\ \frac{dw}{dt} &= \omega_z \frac{1}{\mathfrak{M}}\left(\frac{d\mathfrak{M}}{dt}\right)_\omega.\end{aligned}\right\} \quad (6)$$

$\left(\dfrac{d\mathfrak{M}}{dt}\right)_\omega$ ist die mit der Geschwindigkeit $\omega = |\mathfrak{w}|$ einströmende Materie. Wird nur der durch die Gravitationswirkung eingefangene Materieanteil berücksichtigt, so ist nach Abschnitt 1

$$\left(\frac{d\mathfrak{M}}{dt}\right)_\omega = 2\pi\varkappa \frac{\mathfrak{M}R}{\omega} f(\mathfrak{v})\,d\mathfrak{v},$$

und die Beschleunigung (X, Y, Z), die der Stern durch sämtliche Stöße erfährt, ist

$$X = 2\pi\varkappa R \int \frac{\omega_x}{\omega} f(\mathfrak{v})\,d\mathfrak{v},$$
$$Y = 2\pi\varkappa R \int \frac{\omega_y}{\omega} f(\mathfrak{v})\,d\mathfrak{v},$$
$$Z = 2\pi\varkappa R \int \frac{\omega_z}{\omega} f(\mathfrak{v})\,d\mathfrak{v}.$$

Die Integrationen erstrecken sich über alle Teilchengeschwindigkeiten $\mathfrak{v}$ und werden zweckmäßig nach Einführung von Polarkoordinaten durchgeführt. In Polarkoordinaten sind die Komponenten der Relativgeschwindigkeit eines Teilchens zum Stern

$$\omega_x = v \cos\varphi \cos\psi - v_0 \cos\varphi_0 \cos\psi_0,$$
$$\omega_y = v \cos\varphi \sin\psi - v_0 \cos\varphi_0 \sin\psi_0,$$
$$\omega_z = v \sin\varphi - v_0 \sin\varphi_0,$$

und der Absolutbetrag der Relativgeschwindigkeit ist

$$\omega = \sqrt{\omega_x^2 + \omega_y^2 + \omega_z^2}.$$

(237)

Unter der Annahme, daß in dem Substrat eine MAXWELLsche Geschwindigkeitsverteilung vorliegt, ist das Ergebnis der Integration über alle Richtungen

$$\left.\begin{array}{l} X(v_0, v) = \gamma f(v) v^2 dv [v I(v_0, v) - r_0 J(v_0, r)] \cos \varphi_0 \cos \psi_0, \\ Y(v_0, v) = \gamma f(v) v^2 dv [v I(v_0, r) - r_0 J(v_0, r)] \cos \varphi_0 \sin \psi_0, \\ Z(v_0, v) = \gamma f(v) v^2 dv [v I(v_0, r) - r_0 J(v_0, r)] \sin \varphi_0. \end{array}\right\} \quad (7)$$

Darin ist abkürzend geschrieben worden

$$\gamma = 2\pi\varkappa R, \qquad f(v) = \frac{\sigma}{\alpha^3 (2\pi)^{3/2}} e^{-\frac{v^2}{2\alpha^2}},$$

$$I(v_0, v) = \int_0^{2\pi}\int_0^\pi \frac{\cos\varphi \sin\varphi}{\omega} d\psi d\varphi = \begin{cases} \dfrac{4\pi}{3} \dfrac{v}{v_0^2} & \text{für } v < v_0, \\ \dfrac{4\pi}{3} \dfrac{v_0}{v^2} & \text{für } v > v_0, \end{cases}$$

$$J(v_0, v) = \int_0^{2\pi}\int_0^\pi \frac{d\psi \sin\varphi}{\omega} d\varphi = \begin{cases} 4\pi \dfrac{1}{v} & \text{für } v > v_0, \\ 4\pi \dfrac{1}{v_0} & \text{für } v < v_0. \end{cases}$$

Da für beliebige v

$$v I(v_0, v) - r_0 J(v_0, v) < 0$$

erfüllt ist, geht aus den Gleichungen (7) hervor, daß der Stern eine Verzögerung in der Bewegungsrichtung erfährt. Der Betrag der Verzögerung ist

$$W(v_0) = -2\sqrt{\pi}\varkappa\sigma R \left[\frac{\alpha\sqrt{2}}{v_0} e^{-\frac{v_0^2}{2\alpha^2}} + \frac{\sqrt{\pi}}{2} \Phi\left(\frac{v_0}{\alpha\sqrt{2}}\right)\left(2 - \left(\frac{\alpha\sqrt{2}}{v_0}\right)^2\right) \right]. \quad (8)$$

In dem Falle, daß die Teilchen der Materiewolke ruhen, wird die Verzögerung, die der Stern erleidet, von r_0 unabhängig: es gilt dann

$$W(v_0) = -2\pi\varkappa\sigma R. \quad (9)$$

Ist aber die Geschwindigkeit des Sternes klein gegen die wahrscheinlichste Geschwindigkeit in dem Medium, so erhalten wir

$$W(v_0) = -\frac{8\sqrt{\pi}\varkappa}{3} \sigma R \frac{v_0}{\alpha\sqrt{2}}, \qquad \left[\frac{v_0}{\alpha\sqrt{2}} \ll 1\right]. \quad (10)$$

Diese Näherungsformel ist hinreichend für alle $\dfrac{v_0}{\alpha\sqrt{2}} < \dfrac{1}{2}$; der Fehler in $W(v_0)$ erreicht für $\dfrac{v_0}{\alpha\sqrt{2}} = \dfrac{1}{2}$ rund 10%. Für $\dfrac{v_0}{\alpha\sqrt{2}} \gg 1$ konvergiert die eckige Klammer in Gleichung (8) schnell gegen $\sqrt{\pi}$ und damit die Verzögerung gegen den konstanten Wert von Gleichung (9).

Daß die durch Stöße bedingte Verzögerung des Sternes für $\frac{v_0}{\alpha\sqrt{2}} \gg 1$ unabhängig von der Sterngeschwindigkeit wird, mag zunächst überraschen, beachten wir jedoch, daß nach den Gleichungen (6)

$$W(v_0) \sim v_0 \frac{d\mathfrak{M}}{dt}$$

gilt und nach Gleichung (3) für $\alpha\sqrt{2} = 0$

$$\frac{d\mathfrak{M}}{dt} = \frac{\text{const}}{v_0}$$

ist, so erklärt sich das Ergebnis auf einfache Weise. Allerdings muß ferner beachtet werden, daß nur Stöße solcher Teilchen berücksichtigt worden sind, die durch Gravitationswirkung auf den Stern geführt werden.

Die durch auffegende Wirkung gewonnene Materiemenge ist für $\alpha\sqrt{2} = 0$

$$\left(\frac{d\mathfrak{M}}{dt}\right)_{geom} = \pi R^2 \sigma v_0$$

und die Beschleunigung nach den Gleichungen (6)

$$W_g(v_0) = -\frac{\pi R^2 \sigma}{\mathfrak{M}} v_0^2,$$

so daß wir strenggenommen für die gesamte Beschleunigung im Falle $\alpha\sqrt{2} = 0$

$$W_{g+d}(v_0) = -\pi R \sigma \left(2\varkappa + \frac{R}{\mathfrak{M}} v_0^2\right) \quad (11)$$

erhalten. Die Abhängigkeit der Widerstandskraft von v_0 besteht in diesem Falle allein in dem Anteil der Stöße, die von „direkt" auftreffenden Teilchen ausgeführt werden. Im allgemeinen ist jedoch

$$\frac{R}{\mathfrak{M}} v_0^2 \ll 2\varkappa.$$

Nur für Riesensterne und sehr hohe Sterngeschwindigkeiten werden beide Summanden in der Klammer vergleichbar.

Für eine Abschätzung der widerstehenden Wirkung möge Gleichung (10) zugrunde gelegt werden; Gleichung (8) oder (9) würden zu ähnlichen Ergebnissen führen, denn in den Grenzen, in denen das Verhältnis von Sterngeschwindigkeit zu Teilchengeschwindigkeit liegen kann, ist die Größenordnung von $W(v_0)$ die gleiche. Aus Gleichung (10) folgt

$$\frac{d\mathfrak{v}}{dt} = -\lambda \mathfrak{v}, \qquad \lambda = \frac{8\sqrt{\pi}\varkappa\sigma R}{\alpha\sqrt{2}},$$

und danach klingt der Betrag der Sterngeschwindigkeit mit

$$v = v_0\, e^{-\lambda t}$$

ab, so daß nach Ablauf einer Zeit $t = 1/\lambda$ die Geschwindigkeit von $v = v_0$ auf $v = v_0/e$ abgesunken ist. Denken wir uns einen Stern wie α Bootis in einem Substrat mit der Dichte $\sigma = 2 \cdot 10^{-19}$ g $\cdot$ cm^{-3} und der Teilchengeschwindigkeit $\alpha \sqrt{2} = 3 \cdot 10^6$ cm sec^{-1}, so würde seine Geschwindigkeit in $t = 5 \cdot 10^{11}$ Jahren auf die Hälfte abgesunken sein. Erfüllte das Medium eine homogene Kugel der angegebenen Dichte und beschriebe der Stern in ihr eine Kreisbahn, so würde der Bahnradius proportional der Geschwindigkeit kleiner werden, in der angegebenen Zeit also auf die Hälfte sinken.

3. Über die Materieverteilung im Potentialfeld eines Sternes. Die Verteilung diffuser Materie im Felde eines einzelnen Sternes und im Felde eines Sternhaufens ist von LAMBRECHT und SIEDENTOPF [1]) und kürzlich von KÜHN [2]) eingehend untersucht worden. An dieser Stelle soll nur die Frage erörtert werden, ob die durch das Kraftfeld eines Sternes bedingte Materieverteilung in der Sternumgebung von wesentlichem Einfluß auf die Bewegung eines Sternes sein kann. Entsteht nämlich in der Sternumgebung eine Materieansammlung, so werden auch solche Teilchen, die in einer hyperbolischen Bahn um den Stern fliegen würden, durch wiederholte unelastische Stöße aufgehalten werden und so zu einer erhöhten Massenansammlung und Widerstandskraft Anlaß geben.

In einer Materiewolke, die sich durch eigene Gravitation aufrechterhält, führen die elastischen Stöße der Teilchen in verhältnismäßig kurzer Zeit einen statistisch stationären Zustand herbei. Sind u, v, w die Komponenten der Teilchengeschwindigkeit, so bezeichnet MAXWELL [3]) die Zeit, die notwendig ist, damit sich bei vorhandener Abweichung aus dem Gleichgewichtszustande $\overline{uv}$, $\overline{u^2-v^2}$, ... auf das $1/e$-fache der ursprünglichen Werte reduzieren, als Relaxationszeit. JEANS rechnet aus, daß diese Zeit von der Größenordnung der mittleren freien Wegzeit eines Partikels

$$\tau = \frac{1}{\tfrac{1}{4} N \pi \overline{d^2}\, \overline{v}}$$

ist. Die Anwendung dieser Formel auf eine interstellare Staubwolke leistet

---

[1]) H. LAMBRECHT u. H. SIEDENTOPF, Die Verteilung diffuser Materie im Felde eines Sternhaufens. AN. **257**, 233, 1935. — [2]) W. KÜHN, Über die Verteilung diffuser Materie in verschiedenen Kraftfeldern. AN. **269**, 17, 1939. — [3]) Die MAXWELLsche Definition der Relaxationszeit unterscheidet sich von der ROSSELANDschen, auf die wir in § 10 zurückkommen werden.

nicht mehr als eine rohe Abschätzung; doch genügt sie, um zu zeigen, daß die Relaxationszeit in einer Materiewolke verschwindend klein gegen die entsprechende Zeit in einem bei kontinuierlicher Verschmierung gleich dichten Sternsystem ist. Die zentrale Sterndichte in einem konzentrierten Kugelsternhaufen liegt bei 10^{-19} g · cm^{-3}, und die Relaxationszeiten der Haufen sind rund 10^{10} Jahre. Nehmen wir für die Dichte in einer Staubwolke ebenfalls $\sigma = 10^{-19}$ g · cm^{-3} an, so ist die freie Wegzeit τ der Teilchen rund 10^3 Jahre (für $d = 10^{-4}$ cm, $v = 3 \cdot 10^6$ cm · sec^{-1}).

Auch in der Umgebung eines Sternes, in der unter allen Umständen das Selbstpotential der Materie gegen das des Sternes wesentlich zurücktritt, wird schnell ein isothermes Gleichgewicht erreicht sein, so daß der Dichteverlauf durch

$$\varrho = \varrho_0 e^{-\frac{1}{2\alpha^2}\left[V + \varepsilon \frac{\varkappa \mathfrak{M}}{r}\right]}$$

beschrieben werden kann. V ist das Selbstpotential der Materie, $\mathfrak{M}$ die Sternmasse und ε ein durch den Strahlungsdruck bedingter Schwächungsfaktor (vgl. Abschnitt 4). Der Strahlungsdruck ruft beträchtliche Unterschiede im Dichteverlauf verschieden großer Teilchen hervor.

Um nun eine numerische Abschätzung des Dichteverlaufs vorzunehmen, rechnen wir mit nur einer Massengruppe unter den Teilchen und vernachlässigen deren Selbstpotential V. Ferner möge angenommen werden, daß die Materiedichte an der Sternoberfläche die Dichte der Chromosphäre nicht übersteigt und sich für $r \to \infty$ der mittleren Dichte des Materiefeldes nähert. Als Beispiele mögen ein G-Zwerg und ein G-Riese gewählt und ϱ_0 und $\varrho_{r \to \infty}$ vorgegeben werden. Dann ist die wahrscheinlichste Teilchengeschwindigkeit $\alpha \sqrt{2}$ in der Sternumgebung und der Dichteverlauf $\varrho(r)$ vollkommen bestimmt.

	ϱ_0	$\varrho_{r \to \infty}$	$\alpha \sqrt{2}$	$\varrho(r)$
	g · cm^{-3}		cm · sec^{-1}	g · cm^{-3}
G-Zwerg . . .	10^{-11}	10^{-20}	$0{,}96 \cdot 10^7$	$10^{-20 + 9/r}$
G-Riese	10^{-13}	10^{-20}	$0{,}24 \cdot 10^7$	$10^{-20 + 7/r}$

r wird von der Sternoberfläche an gezählt und in Einheiten des Sternradius gemessen. Wir sehen dann, daß der Dichteabfall in beiden Fällen sehr steil ist und daß für $r = 10$ Sternradien schon praktisch die Dichte des Feldes erreicht wird. Deshalb können trotz der äußerst hohen Felddichte nur solche Teilchen in der Sternumgebung aufgehalten werden, die der Sternoberfläche sehr nahe kommen. Da nach dem ersten Beispiel die freie Weglänge eines Teilchens bereits in einem Abstand $r = 3/2$ vom Sternmittelpunkt $\lambda = 0,6$ Sternradien beträgt und in einem Abstand $r = 2$ auf das Zehnfache angewachsen ist, dürfte die effektive Vergrößerung des Sternradius durch die Materiehülle den Faktor 2 nicht überschreiten.

4. Über die gemeinsame Wirkung von Gravitation und Strahlungsdruck in der Sternumgebung. Auf ein Materieteilchen, das sich im Gravitationsfeld eines Sternes bewegt, wirkt außer der Schwerkraft $G(r)$ der Strahlungsdruck $S(r)$ des Strahlungsfeldes.

Die resultierende Kraft ist

$$K(r) = G(r) - S(r). \tag{12}$$

Da sowohl $G(r)$ als auch $S(r)$ mit $1/r^2$ abnimmt, ist es zweckmäßig, die auf die Masseneinheit wirkende Kraft an der Oberfläche des Sternes anzugeben

$$K(R) = G(R) - S(R)$$

und dann die Kraft in einem beliebigen Punkte des Feldes in Einheiten der an der Sternoberfläche bestimmten zu messen; dementsprechend ist

$$K(r) = \frac{G(R) - S(R)}{G(R)} \cdot \frac{\varkappa \mathfrak{M}}{r^2}. \tag{13}$$

Der Koeffizient

$$\varepsilon = 1 - \frac{S(R)}{G(R)}$$

hängt von den Zustandsgrößen des Sternes und der Massenteilchen ab. Vom Stern ist die Kenntnis der Masse $\mathfrak{M}$ des Radius R und der effektiven Temperatur T_e erforderlich. Handelt es sich um genügend große Teilchen, so genügt von diesen die Kenntnis ihres Querschnittes und des spezifischen Gewichtes s. Sind aber die Teilchen klein gegen die Wellenlänge der auffallenden Strahlung oder mit ihr vergleichbar, so kann der Strahlungsdruck nur mit Berücksichtigung der Beugungserscheinung am Teilchen bestimmt werden. Die Beugungstheorie erfordert aber die Kenntnis von elektrischer Leitfähigkeit, Permeabilität und der Dielektrizitätskonstanten des Massenteilchens; die Theorie ist dann durchführbar für kugelförmige, elliptische und zylindrische Teilchen. Während der Strahlungsdruck, der von monochromatischer Strahlung mit der Dichte u_λ auf einen genügend großen kreisrunden Querschnitt ausgeübt wird, durch

$$S_\lambda = \pi \varrho^2 \cdot u_\lambda$$

Einfluß eines widerstehenden Mittels in der Dynamik dichter Sternsysteme. 317

gegeben ist, gilt für sehr kleine Teilchen bei Berücksichtigung der Beugung[1])

$$S_\lambda = \pi a^2 u_\lambda \varphi\left(\frac{2\pi a}{\lambda}\right). \tag{14}$$

Die Funktion $\varphi\left(\frac{2\pi a}{\lambda}\right)$ konvergiert für $a \gg \lambda$ gegen $\varphi = 1$. Der Grenzwert der Funktion φ für $a \ll \lambda$ ist unter der Annahme totalreflektierender Partikeln von SCHWARZSCHILD berechnet worden; es ist

$$\varphi\left(\frac{2\pi a}{\lambda}\right) = \frac{14}{3}\left(\frac{2\pi a}{\lambda}\right)^4 \text{ für } a \ll \lambda.$$

Den vollständigen Verlauf von $\varphi\left(\frac{2\pi a}{\lambda}\right)$ hat DEBYE für totalreflektierende und totalabsorbierende Partikeln ausgerechnet. Die unten benötigten Werte von φ sind seiner Arbeit[1]) entnommen worden.

Nach Gleichung (14) ist der Strahlungsdruck bei der Dichte u_λ das Integral über alle Wellenlängen

$$S = \pi a^2 \int_0^\infty u_\lambda \varphi\left(\frac{2\pi a}{\lambda}\right) d\lambda,$$

und wenn die Strahlungsdichte durch das PLANCKsche Gesetz gegeben ist, so liefert die Substitution $2\pi \cdot a/\lambda = \alpha^*$

$$S(a, T) = \frac{ch}{8\pi^2 a^2} \int_0^\infty \varphi(\alpha^*) \alpha^{*3} \left(e^{\frac{c_2}{aT}\frac{\alpha^*}{2\pi}} - 1\right)^{-1} d\alpha^*, \tag{15}$$

wobei T die effektive Temperatur des Sternes bedeutet.

Nachdem der Strahlungsdruck bekannt ist, muß zur Bestimmung von ε noch die auf das Teilchen an der Sternoberfläche wirkende Schwerkraft $G(r)$ berechnet werden. Wenn g die Schwerebeschleunigung an der Sternoberfläche ist, also

$$g = g_\odot \frac{\mathfrak{M}}{\mathfrak{M}_\odot}\left(\frac{R_\odot}{R}\right)^2, \qquad g_\odot = 2{,}736 \cdot 10^4 \text{ g cm}^{-2},$$

so gilt

$$G(R) = \frac{4\pi}{3} a^3 s g. \tag{16}$$

Wie verhält sich nun bei vorgegebenen Zustandsgrößen $\mathfrak{M}$, R und T_e eines Sternes der Quotient aus Strahlungsdruck zu Gravitation? Nach

---

[1]) P. DEBYE, Der Lichtdruck auf Kugeln von beliebigem Material. Ann. d. Phys., 4. Folge, **30**, 57, 1909.

den Gleichungen (15) und (16) ergibt sich ein Anwachsen von S/G mit abnehmendem Partikelradius. Für Teilchen, deren Radien $a < 10^{-4}$ cm sind, unterscheidet sich aber der Wert von S/G für reflektierende Teilchen wesentlich von dem für absorbierende. Um das Verhalten von Strahlungsdruck und Gravitation bei verschiedenen $\mathfrak{M}$, R und T_e zu studieren, ist S/G in Abhängigkeit von a für eine Reihe von Sternen berechnet worden. Tabelle 1 enthält die ausgewählten Sterne mit Angaben, die zur Berechnung von S/G notwendig sind.

Tabelle 1.

Spekt.	T_e	$\mathfrak{M}$	R	Stern
B 1	28 000	19,2	7,6	V Puppis A
A 0	11 000	2,4	1,6	α Can. maj. A
g F 0	7400	3,3	5,5	α Aur. B
g G 0	5600	4,2	11,0	α Aur. A
g K 0	4200	8,0	30,0	α Bootis
g M 0	3400	6,0	45.0	β And.
d F 5	7000	1,1	1,8	α Can. min. A
d G 0	6000	1,0	1,0	⊙
d K 0	4500	1,2	0.8	(vergl. Anm. 1.)
d M 0	3000	0,34	0.56	($M_{vis} = +11,0$)

$\mathfrak{M}$ und R sind in Einheiten der Sonnendaten angegeben.

Abb. 2 stellt für die Sterne der Tabelle den Verlauf von S/G mit dem Teilchenhalbmesser a dar. Zur Berechnung der Kurven ist als spezifisches Gewicht der Teilchen $s = 7,8$ (Eisen) angenommen worden.

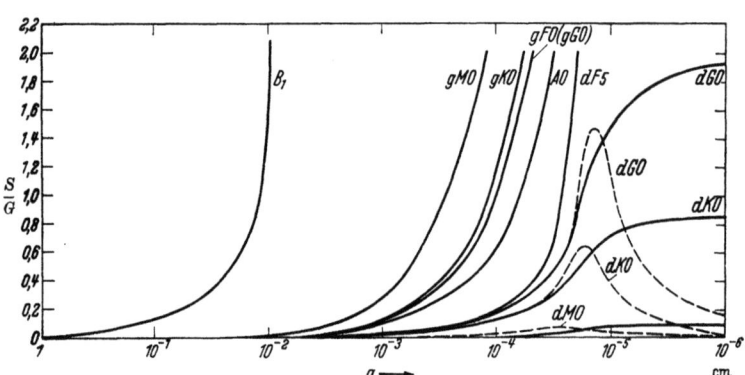

Abb. 2. Strahlungsdruck/Gravitation als Funktion der Teilchenhalbmesser an Sternen verschiedener Spektraltypen. (— absorbierende Teilchen, ... totalreflektierende Teilchen.)

[1]) Von Schalén, [Z. f. Astrophys. **17**, 260, 1939] angenommene Zustandsgrößen.

Wie die Abbildung zeigt, überwiegt bei B-Sternen der Strahlungsdruck die Gravitationswirkung an allen Teilchen, deren Radien kleiner als $a \sim 10^{-2}$ cm sind. Für Riesensterne der Spektraltypen A0 bis M0 wird der Strahlungsdruck im Intervall $7 \cdot 10^{-5}$ cm $< a < 5 \cdot 10^{-3}$ cm gleich der Gravitation. Die Kurven für die K- und M-Zwerge sind von Schalén[1]) berechnet worden und zeigen, daß die Gravitationswirkung dieser Sterne selbst an den kleinsten Teilchen noch die der Strahlung überwiegen kann, wobei aber der wesentliche Unterschied im Verhalten der absorbierenden und reflektierenden Materie hervortritt. Dieser Unterschied ist bei gröberer Materie und demnach bei allen übrigen Kurven nicht vorhanden.

Der Verlauf der Kurven ist nur bis $S/G = 2$ verfolgt worden, denn die Abbildung hat nur den Sinn, eine Übersicht über die Größen derjenigen Teilchen zu geben, an denen die Gravitationswirkung noch den Strahlungsdruck der verschiedenen Sterne überwiegt und die deshalb eingefangen werden können.

5. Der Massenverlust der Sterne durch Ausstrahlung. Der Massenverlust, den die Sterne durch Ausstrahlung erleiden, ist so groß, daß im Zusammenhang der Untersuchungen dieses Abschnitts die Frage gerechtfertigt erscheint, wie dicht wohl ein interstellares Medium sein müßte, damit die Ausstrahlung der Sterne durch eingefangene Materie kompensiert werden könnte. Die Ausstrahlung der Sonne ist einem Massenverlust

$$\frac{d\mathfrak{M}}{dt} = \frac{E}{c^2} = 4{,}2 \cdot 10^{12}\,\text{g} \cdot \text{sec}^{-1}$$

äquivalent. Denken wir uns einen Stern wie die Sonne in einer Staubwolke, in der die wahrscheinlichste Teilchengeschwindigkeit $\alpha \sqrt{2} = 3 \cdot 10^6$ cm $\cdot$ sec^{-1} sei. Ist die Sterngeschwindigkeit etwa um einen Faktor zwei kleiner, so beträgt die Massenaufsammlung nach Gleichung (4)

$$\frac{d\mathfrak{M}}{dt} = 4\sqrt{\pi}\,\varkappa\,\mathfrak{M}\,R\,\sigma\,\frac{1}{\alpha\sqrt{2}}$$

und zur Deckung der Ausstrahlung muß die Substratdichte $\sigma \sim 10^{-19}$ g $\cdot$ cm^{-3} sein. In Tabelle 2 ist die Ausstrahlung E/c^2 für die in der ersten Tabelle enthaltenen Sterne angegeben und die Materiedichte σ berechnet worden, die notwendig wäre, um den Massenverlust durch Ausstrahlung zu decken. Wir finden so extrem hohe Dichten, wie sie nur in einzelnen Wolken oder in den dichtesten Sternsystemen angenommen werden können.

---

[1]) C. Schalén, Über die Bedeutung des Strahlungsdruckes und der Gravitation für die Verteilung interstellarer Materie. Z. f. Astrophys. **17**, 260, 1939.

Tabelle 2.

Spekt.	E/c^2	σ (g cm^{-3})	Spekt.	E/c^2	σ (g cm^{-3})
B 1	6900	$8{,}5 \cdot 10^{-18}$	d F 5	5,4	$4{,}9 \cdot 10^{-19}$
A 0	26	$1{,}2 \cdot 10^{-18}$	d G 0	1,0	$1{,}8 \cdot 10^{-19}$
g F 0	80	$7{,}9 \cdot 10^{-19}$	d K 0	0,35	$6{,}6 \cdot 10^{-20}$
g G 0	150	$5{,}8 \cdot 10^{-19}$	d M 0	0,003	$3{,}2 \cdot 10^{-21}$
g K 0	100	$7{,}5 \cdot 10^{-20}$			
g M 0	66	$4{,}4 \cdot 10^{-20}$			

E/c^2 ist in Einheiten der Sonnenstrahlung angegeben worden.

6. Die Verteilung diffuser Materie in einem Sternhaufen. Es soll allgemein die Frage beantwortet werden, welche Verteilung diffuser Materie im Felde eines Sternhaufens zu erwarten ist, wenn eine bestimmte Zentraldichte der Materie vorgegeben wird. LAMBRECHT und SIEDENTOPF[1]) haben eine numerische Durchrechnung des Problems an einem speziellen isothermen Haufenmodell vorgenommen. Eine solche Rechnung ist sehr mühevoll und gelingt außerdem nur unter speziellen Annahmen. Qualitative Ergebnisse können aber weitgehend ohne numerische Rechnungen erzielt werden.

Die Sterne eines Haufens mögen sich in n Gruppen mit den Zustandsgrößen

$$\mathfrak{M}_1, R_1, T_1; \quad \mathfrak{M}_2, R_2, T_2; \ldots; \quad \mathfrak{M}_n, R_n, T_n$$

einordnen lassen. Die Sterndichte soll in jeder Gruppe kugelsymmetrisch sein und mit $\varrho_i(r)$, $i = 1, \ldots, n$, bezeichnet werden. Dann ist die Schwerebeschleunigung, die von der i-ten Gruppe im Abstand r vom Haufenzentrum hervorgerufen wird,

$$g_i = \frac{4\pi\varkappa}{r^2} \int_0^r \varrho_i r^2 \, dr$$

und die auf die Masseneinheit wirkende Kraft, insofern sie von allen Sternen hervorgerufen wird

$$K(r) = \sum_{i=1}^{n} \varepsilon_i g_i. \tag{17}$$

Die Koeffizienten ε_i bedeuten wie in Gleichung (13)

$$\varepsilon_i = 1 - \frac{D(R_i)}{S(R_i)} \quad (i = 1, \ldots, n).$$

Ihre Zahlenwerte können der Abb. 2 entnommen werden.

---

[1]) H. LAMBRECHT u. H. SIEDENTOPF, Die Verteilung diffuser Materie im Felde eines Sternhaufens. AN. **257**, 332, 1935.

Einfluß eines widerstehenden Mittels in der Dynamik dichter Sternsysteme.

Wir fragen nun nach der Kraft, die in dem Abstand r vom Haufenzentrum auf ein Teilchen mit dem Halbmesser a wirkt. Zunächst betrachten wir den Fall, daß für das Teilchen alle Koeffizienten $\varepsilon_i \leq 0$ sind. Dann bewegt es sich entweder frei im Felde des Haufens oder es wird aus dem Haufen herausgeblasen. Der Fall tritt für alle Partikeln ein, deren Halbmesser $a < 10^{-5}$ cm ist, wenn keine M- und K-Zwerge im Haufen vorhanden sind. Ferner werden solche Teilchen existieren, für die alle $\varepsilon_i \geq 0$ sind. Das sind alle Partikeln mit Halbmessern größer als 10^{-3} bis 10^{-2} cm, je nach dem Vorhandensein effektiv heißer Sterne. Da für sie die Gravitationswirkung überwiegt, erreicht ihre Dichte im Haufenzentrum ein Maximum. Schließlich wird für Teilchen, deren Halbmesser kleiner als 10^{-3} cm sind, im allgemeinen

$$\varepsilon_i \begin{array}{l} < \\ = 0 \\ > \end{array} \begin{array}{l} \text{für } i = 1, \ldots, k, \\ \text{,, } i = k+1, \ldots, l, \\ \text{,, } i = l+1, \ldots, m \end{array}$$

gelten; d. h. es sind im Haufen k Sterngruppen vorhanden, die auf Grund ihrer heißen Sterne dem Teilchen eine vom Haufenzentrum fortgerichtete Beschleunigung erteilen, ferner gibt es $l - k$ Sterngruppen, in deren Feld sich das Teilchen frei bewegt und $n - l$ Gruppen mit Sternen niedriger Temperatur, die dem Partikel eine auf das Haufenzentrum zu gerichtete Beschleunigung erteilen. Die von allen Sterngruppen resultierende Kraft ist dann

$$K(r) = -(\varepsilon_1' g_1 + \varepsilon_2' g_2 + \ldots + \varepsilon_k' g_k) + \varepsilon_{l+1} g_{l+1} + \ldots + \varepsilon_n g_n,$$

wobei $\varepsilon_i' = |\varepsilon_i|$, $i = 1, \ldots, k$ bedeutet, und es gibt sicher einen Abstand $r = r_0$, in dem $K(r)$ verschwindet, während die Kraft für $r < r_0$ nach innen und für $r > r_0$ nach außen gerichtet ist. Die Bestimmungsgleichung für r_0 lautet

$$\sum_{\substack{i = l+1, \ldots, n \\ m = 1, \ldots, k}} (\varepsilon_i g_i - \varepsilon_m' g_m) = 0. \tag{18}$$

Sie ist nach r_0 auflösbar, wenn die Dichteverteilung $\varrho_i(r)$ der Sterne bekannt ist. An der Stelle $r = r_0$ tritt ein Maximum des Potentials

$$\Phi = \int_0^r K(r, a)\, dr$$

für Teilchen mit dem Halbmesser a ein und damit ein Maximum in der Dichte $\tau(r, a)$ dieser Partikeln, wenn angenommen wird, daß die Teilchen mit dem Radius a einen isothermen Dichteverlauf zeigen (zur Rechtfertigung dieser Annahme vgl. Abschnitt 3)

$$\tau = \tau_0 e^{\frac{m}{2a^2} q}.$$

Die Materieverteilung kann danach folgendermaßen beschrieben werden: Alle Teilchen mit Halbmessern kleiner als 10^{-3} cm, die sich im Felde mehrerer verschiedenartiger Sterngruppen befinden, häufen sich in konzentrischen Kugelschalen um den Mittelpunkt des Sternhaufens. Die Radien der Kugelschalen sind um so größer, je kleiner die Teilchen sind; beim Vorhandensein vieler heißer Sterne umschließen sie den ganzen Sternhaufen, und vom Haufenzentrum bis weit über die Haufengrenze hinaus tritt eine Sedimentation der Materie ein. Damit wäre bei genügend hoher Materiedichte eine mögliche Erklärung für das Auftreten von Sternleeren um einigen Sternhaufen gegeben.

Bei Teilchen, die sowohl sehr kleine Radien als auch kleine spezifische Gewichte haben, ist noch folgendes zu bedenken: Die Geschwindigkeitsstreuung nimmt mit abnehmender Teilchenmasse zu; daraus folgt offenbar eine Abnahme des Gradienten in der Dichteverteilung mit abnehmender Teilchenmasse. Das heißt mit anderen Worten, daß die Dichteverteilung der Materie bei sehr hohen Teilchengeschwindigkeiten weitgehend von den Koeffizienten ε_i unabhängig wird.

Der Einfluß des Strahlungsdruckes auf die Verteilung der Materie im Sternhaufen verliert an Bedeutung, wenn die Gesamtmasse der diffusen Materie mit der Gesamtmasse der Haufensterne vergleichbar oder größer ist. Dann wirkt sowohl das Selbstpotential der Materie, das im Ansatz (17) vernachlässigt worden ist, wie die Schwächung des Strahlungsdruckes durch Lichtabsorption und Streuung bei genügend hoher Materiedichte zugunsten einer stärkeren Materiekonzentration zum Haufenzentrum hin.

7. Zusammenfassung und Folgerungen für die Statistik eines Sternsystems im widerstehenden Mittel. Die bisherigen Ergebnisse können kurz folgendermaßen zusammengefaßt werden:

1. Bei der Bewegung eines Sternes durch ein Substrat kommt durch Gravitationswirkung eine Massenaufsammlung (vgl. Gleichung 2)

$$\frac{d\mathfrak{M}}{dt} = 2\pi \varkappa \mathfrak{M} R \sigma \Phi\left(\frac{r}{\alpha\sqrt{2}}\right)\frac{1}{v}$$

zustande. Die durch auffegende Wirkung des geometrischen Sternquerschnittes angesammelte Materiemenge ist dagegen vernachlässigbar klein.

2. Der kontinuierliche Materiestrom auf den Stern wirkt in Richtung der Sterngeschwindigkeit als eine Widerstandskraft, deren Betrag

$$W(v) = -2\sqrt{\pi}\varkappa\sigma R\left[\frac{\alpha\sqrt{2}}{v}e^{-\frac{v^2}{2\alpha^2}} + \frac{\sqrt{\pi}}{2}\Phi\left(\frac{v}{\alpha\sqrt{2}}\right)\left(2-\left(\frac{\alpha\sqrt{2}}{v}\right)^2\right)\right]$$

ist. Die in der Sternumgebung vorhandene Materiewolke zeichnet sich im isothermen Gleichgewicht durch einen schnellen Dichteabfall aus, so daß sie die Größenordnung der Massenaufsammlung und Widerstandskraft nicht ändert. Eine Abschätzung zeigt, daß die Geschwindigkeit eines Sternes in einem Substrat mit der Dichte $\sigma = 2 \cdot 10^{-19}\,\text{g} \cdot \text{cm}^{-3}$ in $t = 5 \cdot 10^{11}$ Jahren auf die Hälfte absinkt.

3. Während das Substrat sowohl im Potentialfeld eines einzelnen als auch mehrerer Sterne in kurzer Zeit in statistisches Gleichgewicht kommt, bewirkt der Strahlungsdruck ein unterschiedliches Verhalten von Teilchen verschiedener Größe, so daß der isotherme Dichteverlauf von der Teilchengröße abhängt.

4. Der durch Ausstrahlung der Sterne bedingte Massenverlust kann durch eine Aufsammlung kompensiert werden, wenn die Substratdichte $10^{-19} - 10^{-21}\,\text{g} \cdot \text{cm}^{-3}$ beträgt.

Als Folgerungen für die dynamische Theorie eines Sternsystems im widerstehenden Mittel halten wir fest:

Die widerstehende Wirkung eines Substrats hängt außer von Masse und Radius des Sternes noch von dessen Temperatur ab, denn der Strahlungsdruck verringert mit steigender effektiver Temperatur die „effektive" Dichte der auftreffenden Materie, da das Einfangen kleinerer Teilchen verhindert wird. Das unterschiedliche Verhalten der Sterne zwingt uns, in den statistischen Überlegungen des nächsten Abschnittes die Sterne in Gruppen einzuteilen, von denen jede nur Sterne mit gleicher Masse, Temperatur und gleichem Radius enthält. Dann werden die Bewegungen in einer Gruppe durch die Gleichung

$$\frac{d\mathfrak{v}}{dt} = W(\mathfrak{v}) - \text{grad}\, U \qquad (19)$$

beschrieben, worin U das sowohl von den Sternen als auch von der Materie des Gesamtsystems herrührende Potential bedeutet. Der Zweckmäßigkeit halber soll $W(\mathfrak{v})$ durch eine Näherung ersetzt werden, die die Eigenschaft hat, in den beiden Grenzfällen $r \ll \alpha \sqrt{2}$ und $r \gg \alpha \sqrt{2}$ streng mit (8) übereinzustimmen. Diese Forderung wird durch die Näherung

$$W(\mathfrak{v}) = -\frac{\mathfrak{v}}{A(x_i, t) + B(x_i, t)\,r} \qquad (20)$$

erfüllt, die für $A(x_i, t) \equiv 0$ oder $B(x_i, t) \equiv 0$ in (9) bzw. (10) übergeht.

C. Sternsysteme im widerstehenden Mittel.

8. Die allgemeine Boltzmann-Formel. Ist $f(x_i, u_i, t)$ die Verteilungsfunktion der Koordinaten und Geschwindigkeiten[1]) im Sternsystem, so lautet die allgemeine BOLTZMANNsche Integro-Differentialgleichung

$$\frac{\partial f}{\partial t} + \sum_{k=1}^{3} \left\{ \frac{\partial}{\partial x_k}(u_k f) + \frac{\partial}{\partial u_k}(\dot{u}_k f) \right\} = I(f, f^{(1)}). \qquad (1)$$

Die Gleichung entsteht durch die Bilanz an einem Volumenelement

$$do\,d\omega = dx_1\,dx_2\,dx_3\,du_1\,du_2\,du_3$$

und sagt aus, daß die Änderung der Sternzahl in dem Element während der Zeit dt

$$\frac{\partial f}{\partial t}\,do\,d\omega\,dt$$

erstens durch stetig ein- und ausströmende Sterne hervorgerufen wird, deren Anzahl

$$-\sum_{k=1}^{3}\left\{\frac{\partial}{\partial x_k}(u_k f) + \frac{\partial}{\partial u_k}(\dot{u}_k f)\right\}do\,d\omega\,dt$$

ist und zweitens durch solche Sterne, die durch nahe Vorübergänge mehr oder weniger plötzlich hinein- oder herausgeworfen werden. Ihre Anzahl ist

$$I(f, f^{(1)})\,do\,d\omega\,dt.$$

Der Wechselwirkungsterm $I(f, f^{(1)})$ ist von CHARLIER[2]) für Sternsysteme hergeleitet worden. Wir verzichten auf eine Reproduktion dieser Ableitung, doch scheint eine Diskussion des Wechselwirkungsterms einmal wegen der fundamentalen Bedeutung der Gleichung (1), zum andern aber auch deshalb

---

[1]) Es soll häufig abkürzend $f(x_1\,x_2\,x_3, u_1\,u_2\,u_3, t) = f(x_i, u_i, t)$ geschrieben werden. — [2]) C. V. L. CHARLIER, Statistical mechanics based on the law of NEWTON. Lund Meddelanden, Ser. II, 16.

Einfluß eines widerstehenden Mittels in der Dynamik dichter Sternsysteme.

nötig zu sein, weil diese Gleichung auf ein nichtkonservatives System angewandt werden soll. Ausführlich geschrieben gilt

$$I(f, f^{(1)}) = \int_0^{1/2\,\sigma} \int_0^{2\pi} \int\int\int_{-\infty}^{+\infty} (f'f^{(1)\prime} - ff^{(1)}) \, b\,\omega \, db \, d\psi \, du_1^{(1)} \, du_2^{(1)} \, du_3^{(1)}, \quad (2)$$

$$f = f(x_1 x_2 x_3, u_1 u_2 u_3, t),$$
$$f^{(1)} = f(x_1 x_2 x_3, u_1^{(1)} u_2^{(1)} u_3^{(1)}, t),$$
$$f' = f(x_1 x_2 x_3, u_1' u_2' u_3', t),$$
$$f^{(1)\prime} = f(x_1 x_2 x_3, u_1^{(1)\prime} u_2^{(1)\prime} u_3^{(1)\prime}, t),$$
$$\omega^2 = u_1^2 + u_2^2 + u_3^2.$$

u_1, u_2, u_3 sind die Geschwindigkeitskomponenten eines Sternes aus dem Element $do \, d\omega$ und u_1', u_2', u_3' die Komponenten desselben Sternes nach dem Vorübergang an einem anderen, der dem Element

$$do \, d\omega^{(1)} = dx_1 \, dx_2 \, dx_3 \, du_1^{(1)} \, du_2^{(1)} \, du_3^{(1)}$$

angehört und der durch den gleichen Vorübergang in das Element

$$do \, d\omega^{(1)\prime} = dx_1 \, dx_2 \, dx_3 \, du_1^{(1)\prime} \, du_2^{(1)\prime} \, du_3^{(1)\prime}$$

geworfen wird. Definitionsgemäß findet dann ein Vorübergang statt, wenn die kleinste Distanz b zweier Sterne, die sie ohne Wechselwirkung erreichen würden, kleiner als $\tfrac{1}{2}\sigma$ ist, wobei σ den mittleren Abstand der Sterne in dem betrachteten System bedeutet.

Die Gültigkeit der Boltzmann-Formel setzt zunächst voraus, daß das Volumenelement $do \, d\omega$ zwar sehr klein ist, aber dennoch viele Sterne enthält. Ferner muß auch das Zeitelement dt zwar sehr klein, aber groß gegenüber der Zeitdauer der Wechselwirkung zweier Sterne sein. Wäre diese Bedingung nicht erfüllt, so könnte kaum entschieden werden, zu welchem Zeitelement diejenigen Vorübergänge zu rechnen sind, die gerade zu Beginn oder am Ende von dt stattfinden.

Wahrscheinlich sind die genannten Voraussetzungen in dichten Sternsystemen erfüllt. Die Gültigkeit des Wechselwirkungsterms ist darüber hinaus noch an besondere Bedingungen geknüpft [1]): *Obwohl auf das Potentialfeld aller Sterne des Systems, soweit es sich durch Verwischung kontinuierlich darstellen läßt, in der linken Seite der Gleichung* (1) *in den Termen mit u_k Rücksicht genommen worden ist, wird doch der Einfluß dieses Feldes auf den*

---

[1]) Vgl. Die Kritik des Wechselwirkungsterms durch H. JEHLE, Z. f. Astrophys. **19**, 132 u. 225, 1939.

Prozeß des Vorüberganges insofern vernachlässigt, als angenommen wird, daß zwei sich begegnende Sterne ungestörte hyperbolische Bahnen um ihren gemeinsamen Schwerpunkt beschreiben. Darüber hinaus besteht die Frage, wie bei der Gültigkeit des NEWTONschen Gesetzes die nächsten Sterne den Vorgang der Begegnung beeinflussen, da die schwache Abnahme der Wechselwirkungskräfte mit der Entfernung durch das Anwachsen der Sternzahl kompensiert werden kann.

So kann der Einfluß der Vernachlässigungen auf die Verteilungsfunktion kaum übersehen werden. Dennoch soll der Wechselwirkungsterm als eine gute Näherung im folgenden beibehalten werden; seine Verbesserung muß aber als ein erstrebungswertes Ziel weiterer Arbeit gelten.

Bisher ist stillschweigend vorausgesetzt worden, daß alle Sterne gleiche Massen haben. Wird mit dem Vorhandensein von n Massengruppen gerechnet und die Verteilungsfunktion der ν-ten Gruppe mit

$$f(x_i, u_i, m_\nu, t) = f_\nu(x_i, u_i, t)$$

bezeichnet, so gilt für jedes f_ν eine Boltzmann-Formel, auf deren rechter Seite n Wechselwirkungsterme auftreten, die dadurch entstehen, daß die Sterne der ν-ten Gruppe Vorübergänge aneinander und an den Sternen aller übrigen Gruppen haben. Es gilt demnach ein System von n Gleichungen

$$\frac{\partial f_\nu}{\partial t} + \sum_{k=1}^{3}\left\{\frac{\partial}{\partial x_k}(u_k f_\nu) + \frac{\partial}{\partial u_k}(\dot{u}_k f_\nu)\right\} = \sum_{i=1}^{n} I(f_\nu f_i^{(1)}) \qquad (3)$$

für die Verteilungsfunktionen $f_1, \ldots, f_n$.

9. *Anwendung der Boltzmann-Formel auf ein Sternsystem im widerstehenden Mittel.* Die allgemeine Boltzmann-Formel soll den durch ein Materiesubstrat bedingten nichtstationären Zustand in einem dichten Sternsystem beschreiben.

Nach Abschnitt B, 7 gilt für einen Stern, der sich durch diffuse Materie bewegt

$$\frac{d\mathfrak{v}}{dt} = W(\mathfrak{v}) - \operatorname{grad} U, \qquad (4)$$

wobei U das sowohl von den Sternen als auch von der Materie herrührende Gesamtpotential des Systems bedeutet und die Widerstandskraft nach Gleichung (B, 20) näherungsweise durch

$$W(\mathfrak{v}) = -\frac{\mathfrak{v}}{A + B v} \qquad (5)$$

gegeben ist. A und B sind Funktionen der Zeit und des Ortes.

Einfluß eines widerstehenden Mittels in der Dynamik dichter Sternsysteme. 327

Wollte man nun die Gleichungen (4) und (5) der Bewegung einer statistischen Gesamtheit von Sternen zugrunde legen, so wäre damit die Voraussetzung eingeführt, daß die widerstehende Materie abgesehen von der Schwarmbewegung der Teilchen in dem einmal gewählten Koordinatensystem ruht. Die eigentliche Aufgabe muß aber sein, das Substrat und die Sterne als ein gemeinsames System zu behandeln, in dem auch das Substrat eine Massenströmung besitzen kann. Dann ist die in dem Widerstandsgesetz (5) eingehende Geschwindigkeit des Sternes nicht relativ zum Koordinatensystem, sondern relativ zu dem umgebenden, strömenden Substrat zu nehmen. Bezeichnen wir mit $\overline{w}(x_k, t)$ die Strömungsgeschwindigkeit des Substrats, so ist

$$W(\mathfrak{v}) = -\frac{\mathfrak{v} - \overline{\mathfrak{w}}}{A + B\omega}, \qquad (6)$$

mit
$$\omega = \sqrt{\sum_{k=1}^{3}(u_k - \overline{w}_k)^2}.$$

Die Aufgabe besteht nun darin, *die Verteilungsfunktion einer Gruppe von Sternen zu ermitteln, deren Bewegung durch die Gleichungen (4) und (6) bestimmt ist.* Sehen wir zunächst von Wechselwirkungen ab, so gilt für $f(x_i, u_i, t)$

$$\frac{\partial f}{\partial t} + \sum_{k=1}^{3}\left\{\frac{\partial}{\partial x_k}(u_k f) + \frac{\partial}{\partial u_k}(\dot{u}_k f)\right\} = 0$$

oder

$$\frac{\partial f}{\partial t} + \sum_{k=1}^{3}\left\{u_k \frac{\partial f}{\partial x_k} + \dot{u}_k \frac{\partial f}{\partial u_k}\right\} + f \sum_{k=1}^{3}\left\{\frac{\partial u_k}{\partial x_k} + \frac{\partial \dot{u}_k}{\partial u_k}\right\} = 0. \qquad (7)$$

Dadurch daß in konservativen Systemen die Inkompressibilitätsbedingung

$$\sum_{k=1}^{3}\left\{\frac{\partial u_k}{\partial x_k} + \frac{\partial \dot{u}_k}{\partial u_k}\right\} = 0$$

erfüllt ist, entsteht aus Gleichung (7) die in vielen früheren Arbeiten gebräuchliche Differentialgleichung.

Steht dagegen die Bewegung der Sterne unter dem Einfluß der Widerstandskraft $W(\mathfrak{v})$, so ist nach Gleichung (6)

$$\sum_{k=1}^{3}\left\{\frac{\partial u_k}{\partial x_k} + \frac{\partial \dot{u}_k}{\partial u_k}\right\} = \frac{1}{A + B\omega}\left(\frac{B\omega}{A + B\omega} - 3\right)$$

und damit die Boltzmann-Formel

$$\frac{\partial f}{\partial t} + \sum_{k=1}^{3}\left\{u_k \frac{\partial f}{\partial x_k} - \frac{u_k - \overline{w}_k}{A + B\omega} - \frac{\partial U}{\partial x_k}\frac{\partial f}{\partial u_k}\right\}$$
$$+ \frac{f}{A + B\omega}\left(\frac{B\omega}{A + B\omega} - 3\right) = 0. \qquad (8)$$

(253)

In einem dichten Sternsystem sind aber die Wechselwirkungen nicht zu vernachlässigen. Im vorhergehenden Abschnitt ist bereits eingehend diskutiert worden, daß der übliche Wechselwirkungsterm $I(f, f^{(1)})$ auch für ein konservatives System nur eine Näherung darstellt. Neben den schon vernachlässigten Effekten bewirkt die auf die Sterne strömende Materie beim Vorübergang eine Abweichung aus der hyperbolischen Bahn. Nach der Abschätzung in Abschnitt B, 2 ist aber diese Abweichung so klein, daß sie kaum in Betracht zu ziehen ist. Den von vornherein nur genähert gültigen Wechselwirkungsterm wegen der kleinen Reibungswirkung verbessern zu wollen, wäre völlig unangemessen. Wir lassen also $I(f, f^{(1)})$ ungeändert und versuchen, die Verteilungsfunktion der Sterne aus der Gleichung

$$\frac{\partial f}{\partial t} + \sum_{k=1}^{3} \left\{ u_k \frac{\partial f}{\partial x_k} - \frac{u_k - \overline{w}_k}{A + B\omega} - \frac{\partial U}{\partial x_k} \frac{\partial f}{\partial u_k} \right\}$$
$$+ \frac{f}{A + B\omega} \left(\frac{B\omega}{A + B\omega} - 3 \right) = I(f, f^{(1)}) \qquad (9)$$

zu ermitteln.

10. Ansätze zur Lösung der Boltzmann-Gleichung. — *Die Verteilung der Sterne in einem homogenen Substrat.* Da wir bereits wissen, daß ein widerstehendes Substrat bei Dichten von der Größenordnung der mittleren Dichte der Sternverteilung nur langsame Zustandsänderungen im Sternsystem hervorrufen kann, ist es zunächst sinnvoll festzustellen, in welcher Zeit die Wechselwirkungen einen Gleichgewichtszustand in einem konservativen System herbeiführen können. Benutzt man die ROSSELANDsche[1]) Definition der Relaxationszeit als derjenigen Zeit, die notwendig ist, damit der Energieumsatz eines Sternes durch Vorübergänge gleich der mittleren kinetischen Energie in dem System wird, so findet man als Relaxationszeiten von Kugelsternhaufen rund 10^{10} Jahre[2]). Dann zeigt ein Vergleich mit der Abschätzung im Abschnitt (B, 2), daß die Wechselwirkungen in einem dichten Sternsystem immer noch einen statistisch stationären Zustand in solchen Zeiten herbeizuführen streben, die klein gegen diejenigen sind, in denen die widerstehende Wirkung der Materie merklich wird. Sollten wir danach mit einer Folge auseinander hervorgehender Gleichgewichtszustände rechnen können, so müßte mit hoher Annäherung

$$I(f, f^{(1)}) \equiv 0 \qquad (10)$$

---

[1]) S. ROSSELAND, On the Time of relaxation of closed stellar systems. M. N. **88**, 208, 1928. — [2]) Vgl. O. HECKMANN u. H. SIEDENTOPF, Zur Dynamik kugelförmiger Sternhaufen. Z. f. Astrophs. **1**, 67, 1930; Göttinger Veröffentl. **13**.

sein. Die notwendige und hinreichende Bedingung für das Verschwinden des Wechselwirkungsterms lautet[1])

$$\left.\begin{aligned} f &= e^{Q(x_i, u_i, t)}, \\ Q(x_i, u_i, t) &= -a \sum_{k=1}^{3} u_k^2 + \sum_{k=1}^{3} b_k u_k + c \\ &= -a \sum_{k=1}^{3} \left(u_k - \frac{b_k}{2a}\right)^2 + \frac{1}{4a} \sum_{k=1}^{3} b_k^2 + c, \end{aligned}\right\} \quad (11)$$

wobei a, b_k und c Funktionen von x_1, x_2, x_3, t sein können; a mißt die Streuung in den Geschwindigkeiten der Schwarmbewegung, und $b_k/2a$ ($k = 1, 2, 3$) sind die Strömungskomponenten im Sternsystem.

Da wegen der widerstehenden Wirkung der Materie von vornherein nur mit einem genäherten Verschwinden des Terms $I(f, f^{(1)})$ gerechnet werden kann, ist auch nicht mehr als eine genäherte Gültigkeit der Exponentialfunktion (11) als Lösung zu erwarten. Der Ansatz

$$f = e^Q \left(1 + \varPhi(x_i, u_i, t)\right), \quad (12)$$

in dem $\varPhi$ eine von erster Ordnung kleine Größe ist, sollte zu einer angemessenen Lösung führen.

In diesem Abschnitt soll jedoch die strenge Gültigkeit von $I(f, f^{(1)}) \equiv 0$ vorausgesetzt und damit die Tragweite der Lösung (11) in dem vorliegenden Problem erprobt werden.

Zunächst muß die Frage beantwortet werden, ob überhaupt oder unter welchen Bedingungen der Exponentialansatz die Boltzmann-Formel löst. Wie man durch Einsetzen der Exponentialfunktion in Gleichung (9) und durch Koeffizientenvergleich der verschiedenen Polynome in u_k feststellt, liefert er tatsächlich keine Lösung, wenn in der Widerstandskraft beide Funktionen $A(x_i, t)$ und $B(x_i, t)$ von Null verschieden sind. Auch für $A = 0$ und $B \neq 0$, also dann, wenn die wahrscheinlichste Geschwindigkeit der Materieteilchen klein gegen die Sterngeschwindigkeiten ist, liefert (11) keine Lösung.

---

[1]) Vgl. L. BOLTZMANN, Über die Aufstellung und Integration der Gleichungen, welche die Molekularbewegung in Gasen bestimmen. Wiener Ber. **74**, 503, 1876; Wiss. Abhandl. II, 55, siehe insbes. Kap. III. Vgl. außerdem: Vorlesungen über Gastheorie I, Leipzig 1923.

Danach bleibt allein der Fall übrig, in dem die wahrscheinlichste Teilchengeschwindigkeit groß gegenüber der Sterngeschwindigkeit ist. Dann gilt ein lineares Widerstandsgesetz[1])

mit
$$W(\mathfrak{v}) = -\lambda(x_i, t)(\mathfrak{v} - \overline{\mathfrak{w}}) \qquad (13)$$

$$\lambda = \lambda_0 \cdot \sigma(x_i, t),$$
$$\lambda_0 = \frac{8\sqrt{\pi}\varkappa R}{3} \cdot \frac{1}{\alpha\sqrt{2}}.$$

Darin bedeutet $\sigma(x_i, t)$ die Dichte des Substrats. Dem Vorhandensein eines endlichen, wenn auch kleinen Anteils von Sternen hoher Geschwindigkeit wird allerdings durch das Gesetz (13) nicht Rechnung getragen.

Wenn nun $f = e^Q$ eine Lösung der Boltzmann-Formel

$$\left.\begin{aligned}\frac{\partial f}{\partial t} + \sum_{k=1}^{3}\left\{u_k \frac{\partial f}{\partial x_k} - \frac{\partial U}{\partial x_k}\frac{\partial f}{\partial u_k}\right\} & \\ -3\lambda(x_i, t)f - \lambda(x_i, t)\sum_{k=1}^{3}(u_k - \overline{w}_k)\frac{\partial f}{\partial u_k} &= 0,\\ I(f, f^{(1)}) &= 0\end{aligned}\right\} \quad (14)$$

sein soll, so haben wir zunächst die Funktionen a, b_k und c zu ermitteln. Ferner ist das Potential U des Gesamtsystems so zu bestimmen, daß es der POISSONschen Differentialgleichung

$$\Delta U = 4\pi\varkappa[\varrho(x_i, t) + \sigma(x_i, t)] \qquad (15)$$

genügt. In ihr bedeutet $\varrho(x_i, t)$ die Dichte der Sternverteilung. Man erhält $\varrho(x_i, t)$ durch Integration der Verteilungsfunktion (11) über alle Geschwindigkeiten

$$\left.\begin{aligned}\varrho(x_i, t) &= \iiint_{-\infty}^{+\infty} f(x_i, u_i, t)\, du_1\, du_2\, du_3 \\ &= \pi^{3/2} a^{-3/2} e^{c + \frac{1}{4a}\sum_{k=1}^{3} b_k^2}.\end{aligned}\right\} \quad (16)$$

Wird nun die Verteilungsfunktion (11) in die Boltzmann-Formel (14) eingesetzt, so ergibt ein Koeffizientenvergleich der verschiedenen Polynome

---

[1]) In diesem Falle ist die Energiezerstreuung dE/dt eine **quadratische** Funktion in den Geschwindigkeiten.

Einfluß eines widerstehenden Mittels in der Dynamik dichter Sternsysteme. 331

in u_k das folgende System von partiellen Differentialgleichungen für a, b_k und c

$$\left.\begin{aligned}&\frac{\partial a}{\partial x_k}=0,\\&\dot a-\frac{\partial b_k}{\partial x_k}-2\lambda a=0,\\&\frac{\partial b_k}{\partial x_k}+\frac{\partial b_i}{\partial x_i}=0,\\&\frac{\partial b_k}{\partial t}+\frac{\partial c}{\partial x_k}+2a\frac{\partial U}{\partial x_k}-\lambda b_k-2\lambda a\overline{w}_k=0,\\&\frac{\partial c}{\partial t}-\sum_{k=1}^{3}\frac{\partial U}{\partial x_k}b_k-3\lambda+\lambda\sum_{k=1}^{3}\overline{w}_k b_k=0.\end{aligned}\right\} \quad (17)$$

Aus der ersten Gleichung des Systems geht hervor, daß a und damit die mittlere kinetische Energie der Schwarmbewegung im Sternsystem — die relativ zu einem mitströmenden Beobachter definiert ist — nicht von den Koordinaten abhängt. Es ist

$$a = a(t). \tag{18}$$

Aus der dritten Gleichung folgt, daß die b_k lineare Funktionen der Koordinaten sind. Die Gleichung bedeutet Scherungsfreiheit des betrachteten Sternsystems; ihre allgemeinste Lösung ist

$$\left.\begin{aligned}b_1 &= \alpha_3 x_2 - \alpha_2 x_3 + \beta_1 x_1 + \gamma_1,\\b_2 &= \alpha_1 x_3 - \alpha_3 x_1 + \beta_2 x_2 + \gamma_2,\\b_3 &= \alpha_2 x_1 - \alpha_1 x_2 + \beta_3 x_3 + \gamma_3,\end{aligned}\right\} \quad (18\,\text{a})$$

wobei α_k, β_k und γ_k noch Funktionen von t sein können. Da $b_k/2\,a$ ($k=1,2,3$) Strömungskomponenten im Sternsystem sind, umfaßt die allgemeinste Lösung eine Rotation des Gesamtsystems und eine radiale Dilatation, der die Schwarmbewegung der Sterne überlagert ist. Setzen wir nun die Lösungen (18) und (18a) in die zweite der partiellen Differentialgleichungen ein, so folgt aus ihr

$$\beta_1 = \beta_2 = \beta_3 = \beta(t) = \dot a - 2\lambda a. \tag{19}$$

λ darf danach nur eine reine Zeitfunktion sein. Man sieht also, daß die Exponentialfunktion (11) die Möglichkeiten der Verteilung des Mediums stark einschränkt, derart, daß wir für das weitere ein homogenes Substrat mit

$$\lambda = \lambda_0\,\sigma(t) \tag{20}$$

anzunehmen haben.

Nach dem Ansatz (11) sind $b_k/2a$ ($k = 1, 2, 3$) Strömungskomponenten im Sternsystem, die sich für $x_1 = x_2 = x_3 = 0$ auf

$$\frac{\gamma_1}{2a}, \quad \frac{\gamma_2}{2a}, \quad \frac{\gamma_3}{2a}$$

reduzieren; d. h. das ganze Sternsystem hat für $\gamma_1, \gamma_2, \gamma_3 \neq 0$ in dem benutzten Koordinatensystem eine Strömung. Es bedeutet keine Einschränkung der Allgemeinheit, eine Koordinatentransformation so durchzuführen, daß die γ_k verschwinden. Darüber hinaus soll eine Beschränkung auf den Fall eines kugelsymmetrischen Sternsystems vorgenommen werden. Da es zunächst darauf ankommt, den prinzipiellen Charakter der Wirkung eines widerstehenden Mittels in der Dynamik eines Sternsystems zu ermitteln, liegt die Spezialisierung auf Kugelsymmetrie nahe. Bei Kugelsymmetrie lauten die Strömungskomponenten

$$\frac{b_k}{2a} = \frac{\beta}{2a} x_k, \qquad k = 1, 2, 3. \tag{21}$$

Eine Lösung der letzten beiden Differentialgleichungen des Systems (17) setzt die Kenntnis der Strömungen $\overline{w}_k(x_i, t)$ des Substrats voraus. Die Entwicklungen dieses Abschnittes liefern jedoch keine zwingende Aussage darüber, wie die Materieströmung verlaufen muß. Indem nämlich an die Spitze der vorliegenden Untersuchung eine Boltzmann-Formel für die Verteilungsfunktion der Sterne allein gestellt worden ist, war dies mit einem Verzicht auf eine gleichzeitige Untersuchung des statistischen Verhaltens der Materie verbunden. Wir hätten jetzt eigentlich eine parallel laufende Untersuchung über die Statistik des Substrats durchzuführen, um die Unterbestimmtheit des Problems zu beseitigen. Das soll späteren Arbeiten vorbehalten werden. An dieser Stelle müssen wir uns mit Annahmen begnügen. Wollte man jedoch der Einfachheit halber ein im Mittel im Koordinatensystem ruhendes Substrat ($\overline{w}_k = 0$) annehmen, so würde diese Annahme zu untragbaren Folgerungen führen. Wir wollen deshalb im folgenden die Vorstellung zugrunde legen, daß in dem Substrat eine der Sternströmung ähnliche Strömung herrscht und dementsprechend den Ansatz machen

$$\overline{w}_k = \gamma(t) x_k, \quad k = 1, 2, 3. \tag{22}$$

Dann folgt aus der vierten Differentialgleichung des Systems (17)

$$\frac{\partial}{\partial x_k}(c + 2aU) = (-\dot{\beta} + \lambda\beta + 2\lambda a\gamma) x_k, \quad k = 1, 2, 3$$

Einfluß eines widerstehenden Mittels in der Dynamik dichter Sternsysteme. 333

und nach deren Lösung für das Gesamtpotential

$$U = \frac{1}{2a}\left[-c(r,t) + \frac{1}{2}(-\dot{\beta} + \lambda\beta + 2\lambda a\gamma)r^2 + c_0(t)\right]. \quad (23)$$

Wird aus der letzten Differentialgleichung des Systems (17), die bei Kugelsymmetrie

$$\frac{\partial c}{\partial t} - \frac{\partial U}{\partial r}\beta(t)r + \lambda\beta(t)\cdot\gamma(t)\cdot r^2 - 3\lambda = 0$$

lautet, das Potential nach (23) eliminiert, so entsteht eine Gleichung für c allein

$$\frac{2a}{c}\frac{\partial c}{\partial t} + r\frac{\partial c}{\partial r} - \frac{6a}{\beta}\lambda - (\lambda\beta - \dot{\beta})r^2 = 0. \quad (24)$$

Ihre allgemeinste Lösung ist

$$c = C(\tau - \xi) + 3\int\lambda\,dt + \frac{1}{2}e^{-2(\tau-\xi)}\cdot\int e^{-2\int\lambda\,dt}[\lambda\beta - \dot{\beta}]\beta\,dt \quad (25)$$

mit

$$\left.\begin{array}{l}\tau = \dfrac{1}{2}\ln a - \displaystyle\int\lambda\,dt,\\[4pt]\xi = \ln r.\end{array}\right\} \quad (25\,\text{a})$$

$C(\tau - \xi)$ bedeutet darin eine willkürliche Funktion des Arguments.

Nunmehr sind alle Aussagen des Systems partieller Differentialgleichungen für a, b_k und c erschöpft, und wir haben als allgemeinste kugelsymmetrische Lösung der Boltzmann-Formel (14) erhalten

$$\left.\begin{array}{l}a = a(t),\\b_k = \beta(t)x_k, \quad \beta(t) = \dot{a} - 2\lambda a,\\c = C(\tau - \xi) + 3\displaystyle\int\lambda\,dt + \dfrac{\beta^2}{4a}r^2.\end{array}\right\} \quad (26)$$

Außerdem ist das Potential U von der Form

$$U = \frac{1}{2a}\Bigg[-C(\tau - \xi) - 3\int\lambda\,dt$$
$$+ \frac{1}{2}\left(-\dot{\beta} + \lambda\beta + \frac{\beta^2}{2a} + 2\lambda a\gamma\right)r^2 + c_0(t)\Bigg], \quad (27)$$

wobei $C(\tau - \xi)$ durch die Poissonsche Gleichung

$$\frac{\partial^2 U}{\partial r^2} + \frac{2}{r}\frac{\partial U}{\partial r} = 4\pi\varkappa[\varrho(r,t) + \sigma(t)] \quad (28)$$

bestimmt wird. Die Dichte im Sternsystem ist nach (16) und (26)

$$\varrho(r,t) = \pi^{3/2} a^{-3/2} e^{c + \frac{1}{4a} \Sigma b_k^2},$$
$$c + \frac{1}{4a} \sum b_k^2 = C(\tau - \xi) + 3 \int \lambda \, dt. \quad (29)$$

Nach (27) und (29) geht die POISSONsche Gleichung in eine Bestimmungsgleichung für $C(\tau - \xi)$ über

$$-C''(\tau - \xi) + C'(\tau - \xi) + e^{-2(\tau - \xi)} \cdot 3 a e^{-2\int \lambda \, dt} \left[\lambda \beta - \dot{\beta} + \frac{\beta^2}{2a} + 2 a \lambda \gamma - \frac{8\pi \varkappa}{3} a \sigma \right] = 8 \pi^{5/2} \varkappa e^{C(\tau - \xi) - 2(\tau - \xi) + \frac{1}{2} \ln a + \int \lambda \, dt}, \quad (30)$$

in der Striche Ableitungen nach $\tau - \xi$ bedeuten.

Eine Lösung dieser Gleichung kann entweder für $C'(\tau - \xi) \equiv \mathrm{const}$ oder $C(\tau - \xi) \not\equiv \mathrm{const}$ diskutiert werden. Betrachten wir erstens den Fall $C(\tau - \xi) \not\equiv \mathrm{const}$. Wenn in diesem Falle eine Lösung vorhanden sein soll, dürfen in der Differentialgleichung (30) nur Funktionen des Arguments $\tau - \xi$ auftreten. Demnach bedingt die Existenz einer Lösung

$$\tfrac{1}{2} \ln a + \int \lambda \, dt = \mathrm{const} \quad (31)$$

und

$$\lambda \beta - \dot{\beta} + \frac{\beta^2}{2a} + 2 a \lambda \gamma - \frac{8 \pi \varkappa}{3 \lambda_0} \cdot \lambda a = 0. \quad (32)$$

Aus Gleichung (31) folgt

$$a = a_0 e^{-2 \int \lambda \, dt}, \quad (33)$$

und wenn man aus (32) a und β eliminiert, so geht diese Differentialgleichung in eine Beziehung zwischen Dichte σ und Strömung γ im Substrat über, so daß die zeitliche Änderung der Materiedichte bestimmt ist, sobald man die Strömung im Substrat kennt.

Mit (31) und (32) lautet die Differentialgleichung für $C(\tau - \xi)$

$$C''(\tau - \xi) + C'(\tau - \xi) = -8 \pi^{5/2} \varkappa e^{C(\tau - \xi) + 2(\tau - \xi)}. \quad (34)$$

Ferner erhalten wir für das Potential U nach Gleichung (27) für $C \not\equiv \mathrm{const}$

$$U = \frac{1}{2a} \left[-C(\tau - \xi) + \frac{4 \pi \varkappa}{3} a \sigma r^2 - 3 \int \lambda \, dt + c_0(t) \right], \quad (35)$$

woraus hervorgeht, daß sich U aus einem von dem Sternsystem herrührenden Potentialanteil $\dfrac{1}{2a} C(\tau - \xi)$ und dem vom homogenen Substrat

Einfluß eines widerstehenden Mittels in der Dynamik dichter Sternsysteme. 335

herrührenden Potential zusammensetzt. Nach (25a) und (33) ist

$$e^{-(\tau-\xi)} = a_0^{1/2} \cdot \frac{r}{a} = y$$

so daß Gleichung (34) in

$$\frac{d^2 C}{dy^2} + \frac{2}{y}\frac{dC}{dy} = -8\pi^{5/2}\varkappa e^C \tag{34a}$$

übergeht. Danach ist C das Potential einer isothermen Gaskugel, deren Dichteverlauf nach (29) und (33) durch

$$\varrho(r,t) = \varrho_0 e^{C\left(\frac{r}{a}\right)} \tag{36}$$

beschrieben wird.

Wir kommen damit zu folgendem Ergebnis:

In einem kugelsymmetrischen Sternsystem, das so dicht ist, daß die Wechselwirkungen allein zu statistischer Stationarität führen würden, ist beim Vorhandensein eines widerstehenden homogenen Substrats eine Folge auseinander hervorgehender isothermer Gleichgewichtszustände möglich, die mit einer Kontraktion des Systems verbunden ist.

In dem Falle $C(\tau - \xi) \equiv \text{const}$ entartet die POISSONsche Gleichung sofort in eine Differentialgleichung zwischen a und λ

$$\frac{\dot{a}^2}{2} - \ddot{a}a + 2\dot{\lambda}a^2 + \lambda a\left(\dot{a} + 2a\gamma - \frac{8\pi\varkappa}{3\lambda_0}a\right) = C_0 a^{1/2} e^{3\int \lambda dt},$$

die durch die Substitution

$$z = a^{1/2} e^{-\int \lambda dt}$$

auf die übersichtlichere Form

$$\ddot{z} + \dot{\lambda}z + A(t)\lambda z + \frac{C_0}{z^2} = 0 \tag{37}$$

gebracht werden kann. Darin bedeutet $A(t) = -\gamma(t) + \frac{4\pi\varkappa}{3\lambda_0}$ und C_0 eine Konstante. Da Gleichung (37) für $\lambda = 0$ die bekannte Lösung

$$z = \frac{C_0}{2|C_1|}(1 - \cos\psi), \quad t = \frac{1}{\sqrt{2|C_1|}}(\psi - \sin\psi) \tag{38}$$

hat und nur solche Fälle einen physikalischen Sinn haben können, in denen $\lambda(t)$ klein ist, so kann man sich eine Lösung von (37) durch Entwicklung nach Potenzen von λ verschaffen. Da die Dichte der Sternverteilung in diesem Falle

$$\varrho(t) = \pi^{3/2} C_0 z^{-3} \tag{39}$$

ist und demnach nicht mehr von den Koordinaten abhängt, können wir das Ergebnis für $C(\tau - \xi) = $ const folgendermaßen formulieren:

Unter statistischen Gesamtheiten von Sternen, die sich in einem widerstehenden Substrat bewegen und deren Wechselwirkungskräfte so groß sind, daß sie allein zu statistischer Stationarität führen würden, gibt es gleichförmig den Raum erfüllende Systeme, die außer einer langsamen Zustandsänderung durch die Materie entweder sich ausdehnen oder sich zusammenziehen.

Erinnern wir uns noch einmal des Weges, auf dem wir zu den beiden nichtstationären Lösungen gekommen sind. Aus dem starren Festhalten an dem Exponentialansatz (11) für die Sternverteilung hat sich die Homogenität der Substratdichte zwangsläufig ergeben. Sie bedeutet eine unerwünschte Einschränkung der Substrateigenschaften. Soll diese vermieden werden, so hat man nach einer allgemeineren Lösung der BOLTZMANNschen Gleichung zu suchen. Andererseits läßt die Kleinheit der widerstehenden Wirkung im Vergleich zu der Wechselwirkung der Sterne nur eine Lösung in der Nähe der statistisch stationären erwarten, so daß der Ansatz

$$f = e^Q (1 + \Phi(x_i, u_i, t))$$

mit $\Phi(x_i, u_i, t)$ als einer von erster Ordnung kleinen Größe angemessen sein müßte. Insofern also ist unsere Lösung zu speziell gewesen und muß verallgemeinert werden.

Außerdem sind wir in dieser Arbeit bei statistischen Aussagen über das Verhalten der Gesamtheit von Sternen stehen geblieben und haben von dem Substrat angenommen, daß in ihm eine der Sternströmung ähnliche Strömung herrscht. Es wären auch andere Annahmen zulässig gewesen, solange nicht ergänzende Bedingungen aufgestellt werden, welche die statistischen bzw. hydrodynamischen Eigenschaften des Substrats festlegen. Eine Verallgemeinerung der Lösung für die Verteilungsfunktion der Sterne und eine gleichzeitige Hydrodynamik des Substrats sollen weiterer Arbeit vorbehalten werden.

Da die Entwicklungen dieses Abschnittes auch eine Antwort auf die Frage nach der Verteilung der Sterne für den Fall enthalten müssen, daß kein Materiesubstrat vorhanden ist, so empfiehlt es sich, die Lösung für $\lambda = 0$ näher zu betrachten.

Für $\lambda = 0$ lauten die Gleichungen (26)

$$\left.\begin{array}{l} a = a(t), \\ b_k = \dot{a}\, x_k, \quad k = 1, 2, 3, \\ c = C(\tau - \xi) + \dfrac{\ddot{a}}{4\,a} r^2 \end{array}\right\} \quad (40)$$

mit
$$\tau - \xi = \ln \frac{a^{1/2}}{r}.$$

Das Potential des Sternsystems ist nach Gleichung (27)
$$U = -\frac{1}{2a} C\left(\frac{a}{r^2}\right) + \frac{\dot{a}^2 - 2\ddot{a}a}{8a^2} r^2 + \frac{c_0(t)}{2a},$$
und die POISSONsche Gleichung lautet
$$-C''\left(\frac{a}{r^2}\right) + C'\left(\frac{a}{r^2}\right) + 3r^2\left(\frac{\dot{a}^2}{2a} - \ddot{a}\right) = 8\pi^{5/2} \varkappa a^{-1/2} r^2 e^{C\left(\frac{a}{r^2}\right)}. \quad (41)$$

Ist $C\left(\frac{a}{r^2}\right) \not\equiv \text{const}$, so bedingt die Existenz einer Lösung dieser Gleichung
$$a = \text{const},$$
woraus für $C\left(\frac{a}{r^2}\right)$ folgt, daß es das Potential eines Sternsystems im isothermen Gleichgewicht darstellt.

Andererseits folgt für $C\left(\frac{a}{r^2}\right) \equiv \text{const}$ aus Gleichung (41)
$$\dot{a} - 2a\ddot{a} = G a^{1/2}, \quad \left(G = \frac{16\pi^{5/2}\varkappa}{3}\right), \quad (42)$$
deren Lösung nach der Substitution $a = z^2$ durch Gleichung (38) gegeben wird. Das Ergebnis können wir danach folgendermaßen formulieren:

Steht eine Gesamtheit von Sternen allein unter dem Einfluß des eigenen Gravitationsfeldes und sind die Wechselwirkungen so groß, daß sie zu einem statistischen Gleichgewicht des Systems führen, so ist die allgemeinste kugelsymmetrische Lösung für die Verteilung in der Gesamtheit entweder eine isotherme Verteilung oder aber eine homogene Verteilung der Sterne über den Raum, bei der sich das System entweder ausdehnt oder zusammenzieht[1].

11. Zusammenfassung der statistischen Untersuchungen. Das statistische Verhalten einer Gesamtheit von Sternen, deren Bewegung unter dem Einfluß eines widerstehenden Substrats steht, wird durch eine Boltzmannformel beschrieben, die den Wechselwirkungen der Sterne unter sich und der Wirkung von Widerstandskräften Rechnung trägt. Da sich in Abschnitt 10 herausstellte, daß ein widerstehendes Substrat im Vergleich zu den Wechselwirkungen der Sterne auch bei hohen Dichten nur langsame

---
[1] Die nichtstationäre homogene Lösung ist mir durch Einblick in ein Manuskript des Herrn Prof. Dr. HECKMANN über Kosmologie bekannt geworden. Vgl. dessen Mitteilung in Trans. Intern. Astron. Union Vol. VI, 289, 1938.

Zustandsänderungen hervorrufen kann, so wird eine Lösung gesucht, die aussagt, daß das Sternsystem durch die Wechselwirkungen eine statistische Quasistationarität erreicht, welche die durch Widerstandskräfte bedingten zeitlichen Änderungen beschreibt. Da statistische Stationarität in kosmologisch sinnvollen Zeiten nur in dichtesten Sternsystemen, wie Kugelsternhaufen, kugelförmigen und elliptischen Nebeln und den Zentren der Spiralnebel eintreten kann, sind die Untersuchungen dieser Arbeit allein für diese Systeme von Bedeutung.

Wie aus der Diskussion der Boltzmann-Formel hervorgeht, kann unter der Voraussetzung hoher Teilchengeschwindigkeiten in dem Substrat die Verteilung der Sterne durch die Exponentialfunktion (B, 11)

$$f = e^{Q(x_i, u_i, t)}$$

beschrieben werden. Diese Lösung erfordert Homogenität des widerstehenden Substrats und sagt über das Sternsystem aus

1. daß während einer langsamen Kontraktion eine Folge auseinander hervorgehender Gleichgewichtszustände möglich ist und

2. läßt die Lösung ein gleichförmig den Raum erfüllendes System zu, das entweder eine — durch das Substrat verzögerte — Expansion oder beschleunigte Kontraktion durchführt.

Zum Schluß wird gezeigt, daß die BOLTZMANNsche und POISSONsche Gleichung ohne Reibung im kugelsymmetrischen Falle genau zwei Lösungen zulassen, für welche der Wechselwirkungsterm identisch verschwindet: Erstens die bekannte statische isotherme Gaskugel, zweitens ein nichtstatisches, homogenes und ins Unendliche ausgedehntes Sternsystem, das trotz einer gleichförmigen Expansion oder Kontraktion stets im statistischen Gleichgewicht ist.

Herrn Prof. HECKMANN danke ich für viele Anregungen und die Förderung dieser Arbeit, ebenso den Herren Prof. TEN BRUGGENCATE und GUTHNICK für die Förderung meiner bisherigen astronomischen Arbeiten.

MIX
Papier aus verantwortungsvollen Quellen
Paper from responsible sources
FSC® C105338

If you have any concerns about our products,
you can contact us on
ProductSafety@springernature.com

In case Publisher is established outside the EU,
the EU authorized representative is:
**Springer Nature Customer Service Center GmbH
Europaplatz 3, 69115 Heidelberg, Germany**

Printed by Libri Plureos GmbH
in Hamburg, Germany